Instagram社群電商實戰力

艸谷真由

許郁文——譯

「Instagram力」開創了銷售人員的未來

「來客數減少，達不到業績目標」

「被總公司要求在社群網站多花一點心思，但沒有時間做這件事」

「覺得ＩＧ經營得好，考績不一定好」

「覺得銷售這份工作沒有未來，但還是不能不做」

你也有上述這些想法嗎？

即使內心有個聲音告訴你「經營社群網站真的能幫助業績提升」，但每天為了各種業務忙得頭昏腦脹的你，就算是公司一直要求你「多在社群網站花點心思」，也只會覺得「拜託，不要再增加我的工作了」。其實當我還是門市銷售人員的時候，我也有同樣的心聲。

大家好，我叫艸谷真由。

我的姓有點特別，許多人都會問「這個姓怎麼念」，但其實就讀成「草谷」，希望大家能藉著這個機會記住這個姓囉。

六年前，我還是一名服飾店店員。

從學校畢業之後，我進入株式會社 TOKYO BASE 服務，並在進入公司短短三個月，就從兩百多位銷售人員脫穎而出，奪得單月個人業績第一名的佳績，也以當時最快的速度升任店長。當時的我擔任「成員經理人」（Playing Manager），一邊負責在門市接待客人，一邊負責管理店面。**直到獨立創業之後，我才見識到在銷售人員時代完全不懂的「社群網站之力」**。

接著，要稍微介紹為什麼我要為了銷售人員寫這本有關 Instagram 的書，也要提一下當你讀了這本書之後，能迎接什麼樣的未來。

我進入公司服務之際，曾為自己訂下「奪得年度最佳新人獎」這個目標，而當我達成這個目標，卸下銷售人員的身分之後，偶然在電視節目看到「ＩＧ網紅」特輯，我才開始經營ＩＧ，成為專職的「ＩＧ網紅」。

雖然社群網路有很多種，**但成為「IG網紅」這件事讓我發現，如果能好好經營IG，真的能加深與追蹤者（顧客）之間的關係，也覺得IG真的是最強的行銷工具**。

現在的我根據擔任ＩＧ網紅的經驗在經營「Instagram Produce 法人」公司，為百貨公司、店門、服飾等企業量身打造ＩＧ行銷策略、創作方向以及提供相關的諮詢服務。

此外，為了振興整個服飾產業，我也針對第一線的銷售人員、想進入服飾業界的大學生、專科生舉辦ＩＧ的研修課程，不過我也因此發現一個亟需解決的課題。

那就是服飾業界的「銷售人員ＩＧ教育」至今仍遲遲未實踐。若問為什麼到現在都未執行，「缺乏師資」、「沒有預算」都是原因之一。

尤其在這疫情時代，許多企業都面臨生死存亡的困境，那些為了配合「緊急事態宣言」的品牌，也無力去落實那些「不那麼緊急、卻有助未來發展的對策」。

當我開始思考「在這個狀況我能做什麼事？」，便想到「創造一個讓每位銷售人員都能學習與實踐的環境」。

因此，本書將從「經營ＩＧ的目的」開始講解，直到最後的「實踐的祕訣」為止。具體來說，各章節的內容如下：

第一章「今後的銷售人員將以『維繫顧客關係』的手段作為銷售利器」

這章要介紹的是銷售人員經營ＩＧ的好處，以及該如何與顧客建立關係，也收錄了一些在經營ＩＧ上大獲成功的「現職銷售人員的意見」。

第二章「向 Instagram 專家學習『訊息傳達能力的基本知識』」

這章介紹的是ＩＧ先驅「時尚網紅」吸引眾多粉絲的方法，幫助大家做好經營ＩＧ的事前準備。

第三章「目標是成為『想見一面的人』，而不是憧憬的人」

若只是上傳自己的服裝穿搭造型，顧客恐怕是不屑一顧。所以這一章要告訴大家如何建立帳號的概念，以及撰寫貼文的方法。

第四章「你的待客之道將是你的貼文風格」

這章將以我擔任銷售人員期間的小故事，講解「在店面接待客人的方法能否直接轉換成ＩＧ的貼文風格」。

第五章「『與門市合作』的確可以增加粉絲」

這章要介紹銷售人員的「個人帳號」與「商業帳號」串連的方法。如果學會這個方法，就能為銷售人員與商店創造雙贏的機制。

第六章「一個小動作，打造『業績持續提升』的循環」

這章要介紹的是「建立商品銷售管道」的方法，還要在學會基本技巧之後，額外介紹提升影響力以及增加新客戶的技巧。

如果能每天實踐本書介紹的方法，肯定能增加很多無法直接去逛店面、卻一直很想見你一面的顧客。

隨著電子商務的興起以及 COVID-19 的影響，實體商店的來客數已越來越少，但是善用ＩＧ這項工具，將可創造這些未來：

- **創造不受來客數影響的穩定業績**
- **下班後，仍可與顧客保持聯繫，增加回頭客**
- **讓顧客透過ＩＧ預訂商品或是指定商品的到貨門市**
- **讓追蹤者可以預約來店參觀**
- **直接得到顧客對穿搭造型的回饋，讓經營ＩＧ的動力大幅提升**

大家覺得如何？如果能透過門市的服務以及ＩＧ的貼文大幅增加指定由你服務的顧客，想必工作會變得更加快樂吧？

如果持續經營ＩＧ，除了能讓工作變得更加「快樂」，你的「市場價值」也會節節高升。你的市場價值之所以提升，**並不是因為你成了「擁有眾多追蹤者的網紅」，而是因為你的思維升級了**。

在不知不覺之中，你將學會在門市銷售商品之前所需的能力，例如擔任電子商務負責人所需的「編輯力」，以及分析數值、達成目標值所需的「分析力」，還有廣告部建立品牌形象所需的「企劃力、執行力」與業務部推銷商品所需的「行銷力」，而這些能力正是本書要介紹的「Instagram 力」。

若能擁有「Instagram 力」，**除了能提升業績之外，只要你願意，還有可能升遷到想要的地位。**

從現在開始還不遲。

希望大家透過本書建立全新的思維，提升自己的價值。

一年後，你的眼前肯定是截然不同的景色才對。

艸谷真由

前言 「Instagram力」開創了銷售人員的未來
Instagram（個人檔案畫面）的基本功能

Chapter 1
今後的銷售人員將以「維繫顧客關係」的手段作為銷售利器

01 為什麼銷售人員才更要經營IG？ …… 018
02 IG是讓顧客成為粉絲的地方 …… 022
03 是不是光「例行公事」就花掉一整天的時間呢？ …… 026
04 為了推銷商品而必須維繫的「三種關係」 …… 030
05 疑問與不安都能利用「幫忙試穿」解決 …… 035
06 顧客喜歡「個人帳號」更勝官方帳號或商業帳號的理由 …… 038
Interview 利用Instagram創造業績的現職銷售人員的經驗分享 …… 042

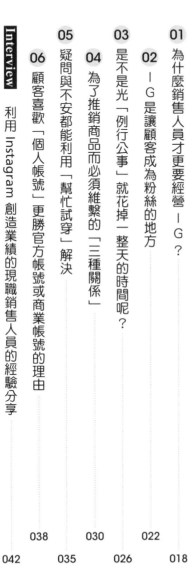

CONTENTS 目次

Chapter 2
向 Instagram 專家學習「訊息傳達能力的基本知識」

07 「時尚網紅」如何推銷自己？ 052
08 成功的祕訣在於定時發文 054
09 「個人檔案」是學習的寶庫 062
10 能得到關注的人都具備「GIVE（提供觀點）」的能力 066
11 能拍出「好照片」絕非偶然，而是必然 069
12 利用「穿搭照片」讓粉絲想像你的日常生活 078
13 IG陳設達人傳授的「拍出清新脫俗感的祕訣」 086
14 沒有人幫忙拍攝時的解決方案 091
15 熟悉「減法後製」的步驟 094
16 快速營造時尚感的「文字裝飾」 099
17 如果是這種例行公事的話，就能持續做下去 102

Chapter 3

目標是成為「想見一面的人」，而不是憧憬的人

18 「時尚網紅」與「銷售人員」的不同之處 108
19 帳號的概念是由「你的風格」建立 111
20 遇見新顧客的「四種主題標籤」 119
21 利用「貼文」傳達訓練許久的話術 124
22 讓「追求品牌的客戶」成為「你的客戶」 132
23 邀請對方追蹤IG的最佳時機 134
24 將待客之道與「感謝私訊」視為相同的工具 137
25 利用「摯友」名單理出顧客名單 139
26 透過「企劃」與顧客建立關係的方法 141

CONTENTS 目次

Chapter 4 你的待客之道將是你的貼文風格

27 推薦商品也能讓顧客開心接受的方法 148
28 來客數較少的時候，反而是絕佳的機會 156
29 重點在於劃分「該由我服務」的客群 164
30 想讓業績持續領先，需要哪些努力？ 169
31 辭去銷售人員之後才發現的「IG價值」 174

Chapter 5 「與門市合作」的確可以增加粉絲

32 「商業帳號」必備的四個元素 178

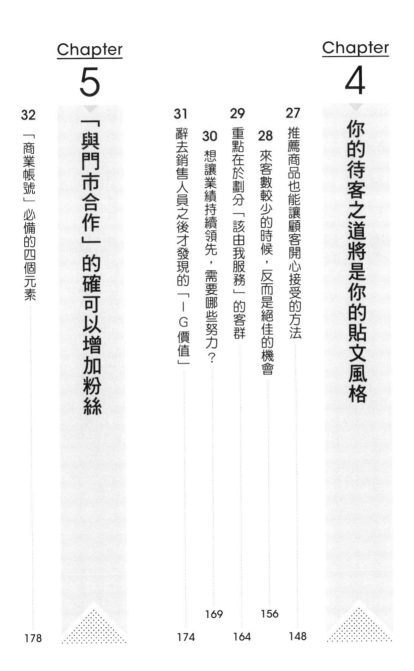

Chapter 6

一個小動作，打造「業績持續提升」的循環

33 依照不同目的經營服飾品牌 183
34 致「希望顧客來門市」的你 188
35 用心經營個人帳號，「商業帳號」也會變得熱鬧 191
36 串連「個人帳號」與「商業帳號」的方法 196
37 新的評估指標是「今天與幾位顧客建立關係」 200
38 在開店之前，是否想過「今天的作戰策略」？ 204
39 建立「讓顧客願意購買商品」的動線 212
40 如何透過「導覽」功能讓顧客立刻下單？ 218
41 接觸潛在客戶並「按讚」 220

CONTENTS 目次

42 有「洞察報告」的話，隨時能製造話題 226
43 利用「限時動態」製造驚喜 230
44 透過「IG直播」提供真實的消費體驗 234
45 該如何看待感染力極強的「連續短片」功能 240
46 利用「禮尚往來」傳遞真摯的感謝之意 242
47 建立「來店預約」的機制 245
48 擁有具說服力的帳號，再向總公司宣傳！ 248
結語 一個想法能讓銷售人員擁有無限的可能性

取材協力 SHENERY 新宿店
SHENERY 池袋店
DTP 一企劃

Instagram（個人檔案畫面）的基本功能

用戶名稱

預設登入的ID

▶ Chapter 5 的 32

建立貼文

可以建立各種貼文或活動

▶ Chapter 2

▶ Chapter 3

選項（設定）

內建的必備功能

▶ Chapter 3 的 25

個人檔案

150個字以內的個人檔案

▶ Chapter 2 的 09

▶ Chapter 3 的 19

限時動態精選

可保留限時動態超過24小時

▶ Chapter 5 的 36

▶ Chapter 6 的 43

▶ Chapter 6 的 47

洞察報告

分析各種貼文反應的工具

▶ Chapter 6 的 42

導覽功能

以部落格的形式整理推薦地點、商品、貼文的功能

▶ Chapter 5 的 36

▶ Chapter 6 的 40

IGTV

最長長度為60分鐘的影片。可以保留IG直播

▶ Chapter 6 的 44

標註功能

可瀏覽自己被標註的貼文

▶ Chapter 6 的 46

動態消息畫面（貼文畫面）

可瀏覽過去的貼文

▶ Chapter 5 的 33

個人檔案畫面

於本頁說明的畫面

▶ Chapter 6 的 39

主畫面（時間軸）

追蹤的使用者若有新貼文，可即時瀏覽

▶ Chapter 3 的 24

探索頁籤

除了可以搜尋帳號、主題標籤、地標，還能瀏覽符合個人喜好的貼文

▶ Chapter 2 的 10

▶ Chapter 6 的 41

限時動態

指的是15秒的短影片

▶ Chapter 6 的 45

商店功能

引導追蹤者從貼文前往連結網頁的功能

＊本書是根據 2021 年 2 月之際的資訊撰寫。

＊使用 IG 時，有可能因作業系統或軟體升級導致功能與本書介紹的內容不一致，還請見諒。

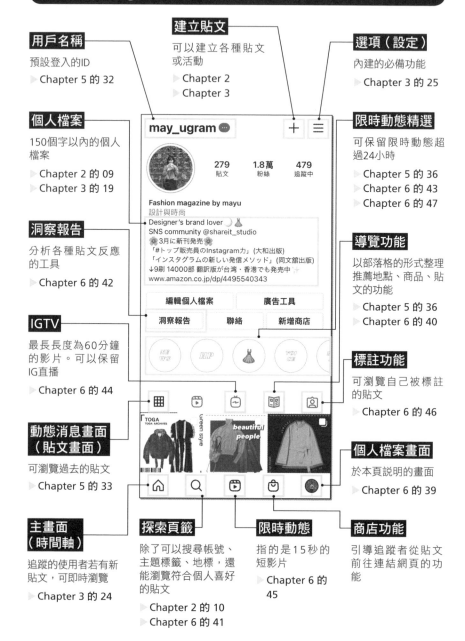

Chapter

1

今後的銷售人員將以「維繫顧客關係」的手段作為銷售利器

01 為什麼銷售人員才更要經營IG？

過去接待客人的方式都以「建議來到門市的顧客如何穿搭」為主流，如果銷售的衣服是知名品牌或是擁有客流量的百貨公司及商圈，大部分的客人會自己上門，銷售人員不需為招攬客人而煩惱。

不過，在電子商務越來越發達，「嚴重特殊傳染性肺炎」（COVID-19）也越來越肆虐的情況下，實體商店的來客數也跟著減少，所以在哪裡設店也越來越無關緊要。「本來得同時應付好幾組客人的門市突然閒了下來，讓人慌得不知道接下來該怎麼辦……？」我想，有不少銷售人員都有這樣的心聲吧。

不過各位銷售人員不妨想像一下，顧客既不來店內，卻又想買新衣服的時候，要怎麼才能找到他們心目中的衣服呢？

雜誌與ＩＧ的不同

比方說，一般消費者會選擇翻閱雜誌，看看有沒有想要的衣服，對吧。應該有不少人是邊翻雜誌、邊瀏覽模特兒身上那些華麗衣服，發現「這件衣服穿起來一定很好看」的時候，再決定購買對吧。

不過其實有更方便、更貼近日常生活的資訊來源可以選擇，那就是本書介紹的「Instagram」。

- **更新資訊的頻率**　雜誌通常是一個月發行一次，但ＩＧ**每天都有瀏覽不完的新資訊**。
- **目標客群**　雜誌是以年齡層、屬性設定目標客群，ＩＧ則是**依照個人喜好細分目標客群，藉此創造死忠顧客**。
- **穿搭感**　雜誌通常是請模特兒示範華麗的穿搭，ＩＧ則以**適合一般人的穿搭為主**。
- **介紹的商品**　雜誌有時會介紹高不可攀的商品，ＩＧ則通常介紹**貼近日常生活的商品**。

優勢　瀏覽雜誌可以廣泛地認識當季商品，但無法深入了解；ＩＧ則**可先篩選商品，再深入了解該商品**。

想必經過一番比較之後，大家都看出雜誌與ＩＧ的差異了。正因為現在是資訊充斥的時代，所以顧客漸漸放棄被動接收「買這個名牌準沒錯」這類訊息，更希望主動出擊，尋找適合自己的商品。

再者，現在的社群網站已十分普及，顧客除了思考「這項商品適不適合自己」，也會**根據「某些特定族群的品味」或是「對某個人的信賴」決定是否購入商品**。

雖然ＩＧ上面有許多時尚網紅（追蹤人數眾多的一般人）貼出時尚穿搭相關的貼文，但身為一名銷售人員，絕對沒有放棄ＩＧ不用的理由，因為我們比誰都更接近那些名牌，也比其他人擁有更多品牌相關知識，也更懂得如何讓這些商品變得更出色，所以也比那些時尚網紅更具說服力。

此外，身為銷售人員的我們也從每天接待客人的過程看到客人的表情，了解客人的想法，所以我們更能洞悉顧客在意的部分。你在門市培養的「服務能力」將在經營ＩＧ

的時候成為一大利器，許多客戶也會在看到你的貼文之後，萌生「想跟你買衣服」的念頭，進而願意走進你的店面，或是根據你的造型建議從網站購買商品。

現在已是重視個人想法的時代，身為銷售人員的你也必須主動接觸顧客。**一直以來，我們都在門市現場幫助顧客「下定決心，購買商品」，但只有身為銷售人員的你，才能在ＩＧ實踐那些在門市才有的服務。**

如今廣受顧客支持的超級銷售人員已越來越少，反倒是透過ＩＧ慢慢地累積公信力，獲得顧客支持的小小銷售人員則越來越多。

POINT

ＩＧ上充滿了許多需要銷售人員建議的人。

02 ＩＧ是讓顧客成為粉絲的地方

我確信今後的銷售人員將會分成兩大類，一類是備受顧客青睞的銷售人員，另一類是備受冷落的銷售人員。過去只要「準時上班，站在店裡接待客人」，就有機會賣出商品，但是從來客數越來越少的現況來看，這套工作方式已不管用，無法創造之前的業績。

現在已經是必須主動思考「自己的績效與創造的利潤是否對得起薪水」的時代。

請大家回想一下因 COVID-19 而必須減少外出的那段時期。

如果是已經透過ＩＧ個人帳號與顧客建立關係的銷售人員，就能通知顧客門市暫停營業，也能介紹自家公司的網路商店，讓顧客有機會透過另一個管道消費，完全不會就此與顧客斷了聯繫。其實有不少知名品牌的銷售人員都很認真經營ＩＧ，在那段被迫減少外出的時期，他們會召集幾個人一起去門市，拍攝新商品的宣傳照，上傳至個人ＩＧ，藉此創造業績。

就連門市業績全由銷售人員負責的品牌，也建立了將網路商店的業績計入銷售人員個人業績的機制，所以銷售人員能對網路商店業績有所貢獻，同時又能提升個人考核的良性循環也因此形成。

WEAR與ＩＧ的不同之處

若問沒有經營ＩＧ的銷售人員在減少外出的那段時期做了哪些努力，就我所知，許多人都在「WEAR」這個時尚穿搭網站上傳造型照。

WEAR是能幫助時尚服飾網站ZOZOTOWN創造業績的穿搭分享網站，對於各品牌的電商負責人而言是一大利器，銷售人員也應該會為了業績而不斷地在上面貼出宣傳照。

不過我隱約覺得 WEAR 有個缺點，那就是「很難創造個人粉絲」。

很少顧客是為了某位銷售人員而去瀏覽 WEAR，因為許多顧客會直接瀏覽在 ZOZOTOWN 開店的品牌，根據喜好尋找商品，再找出自己喜歡的造型。其實不只是 WEAR 有這個問題，只要是由員工經營的「時尚穿搭帳號」，而且這個帳號又與自家公司的網路商店直接同步的話，都有相同的缺點。

反觀 I G 是顧客與銷售人員直接建立關係的平台，你的粉絲也會因為你而來到 I G。喜歡你建議的造型、生活型態與想法，認同你的建議的顧客，自然而然會願意預約去門市一趟，或是直接在網路商店購買商品。

我想說的是，不是將自己的造型上傳至網路就能創造業績。

聽到這裡，可能會有銷售人員擔心「糟糕，我只有經營 WEAR 耶……」，如果你是這類的銷售人員也不用害怕，因為你已經很習慣上傳自己的造型，所以在你每天上傳這些造型的過程中，一定有人常常參考你的穿搭建議。

這時候你可以同時經營 I G，慢慢地把粉絲從 WEAR 帶到 I G，然後一邊閱讀本書，一邊準備經營ＩＧ。

就算沒辦法直接為顧客提供服務，顧客還是能根據銷售人員的ＩＧ貼文挑選想要的商品，你也能透過ＩＧ與顧客建立關係。每天持續發文的頻率很重要，而不是僅在這段無法自由活動的時期才發文。

POINT

願意聚集過來的都是與你有共鳴的人。

03 是不是光「例行公事」就花掉一整天的時間呢？

「我知道妳在說什麼，但上班有很多事情要做，哪有閒工夫經營什麼ＩＧ」，我知道有些人會這麼說。

其實在我還是銷售人員的時候，我也是這樣想。我覺得**沒時間經營ＩＧ的主要原因在於上班的時候，沒把純勞動付出的「例行公事」與具有附加價值的「腦力工作」分清楚，也不知道身為一名銷售人員，努力經營ＩＧ能帶來多少的好處**。

我知道銷售人員常常得服務一波又一波的客人，沒兩下時間就過去了。

如果一下子來一堆貨，還得一件件檢查與整理庫存，才有地方放這些貨。要是客人在這時候上門，又得先暫停手上的工作，回到外場服務客人。若是成功賣掉商品，還得從庫存裡再補貨出來。

接著看看店裡的環境，會發現原本折得好好的衣服都被攤開來試穿，商品也被擺在不對的架位上，物歸原位之後，突然有通電話打來。電話的那頭是另一間門市的銷售人員，他告訴你「客人訂購這件衣服，請在今天寄來我這邊」。從店裡找出對方調貨的衣服並打包寄出後，又得想辦法填滿變得空蕩蕩的架位。

明明中午是門市人員輪流休息的時間，但每次輪到你站櫃，客人就一直上門。

上述這些雜事每天都要做，你只能與其他幾名銷售人員努力守住門市，也只能在客人上門時，專心服務客人，努力維持門市的收支平衡。我知道，許多銷售人員都是這般處境，所以才會覺得「每天都已經忙得半死，別再替我找工作做，我哪有空經營ＩＧ」。當時的我也這麼覺得，因為當時的我完全把經營ＩＧ看成是「例行公事」。

經營ＩＧ不同於整理商品、打掃、確認庫存這些當下必須完成的「例行公事」，而是能讓顧客更願意來到門市、是充滿附加價值的「腦力工作」，並非眼前這些純勞動付出的「雜務」。

不要再把經營ＩＧ看成跟打掃整理一樣的例行公事，因為經營ＩＧ是件「具有開創性」的工作，也是一種對未來的投資。難道你不覺得有客人專程因為你而來，是件很讓人興奮的事嗎？要想打造一個提升動力的環境，就必須先讓自己踏出第一步。

之後還要繼續浪費時間嗎？

乍看之下，經營ＩＧ似乎增加了自己的工作，但其實是為自己打造了與顧客建立關係的另一個管道。

只要努力經營ＩＧ，為了你而上門的顧客就會慢慢增加，業績也會蒸蒸日上，而且就算你被調到另一間門市，顧客也會跟著你，甚至是受到公司高層的青睞。如果哪天你想「跳槽」，也會因為擁有經營ＩＧ的技能而被重用才對。

老實說，放棄透過ＩＧ與顧客建立關係，讓自己如前述般忙得團團轉，只是在「浪費時間」。如果只把那些例行公事當成工作，三年後的你也不會有任何改變。

把門市的環境整理乾淨，讓顧客有個舒服的購物環境，或是仔細清點庫存，讓自己能隨時找到需要的商品，或是檢查送來的商品有無任何問題，都能維持門市的營運，也是非常重要的工作，**無論你每天多麼認真工作，都無法提高「身價」**。

銷售人員若想提高身價，方法只有一種，那就是讓顧客「死忠地跟隨你」。要做到這點，除了在門市接待客人，更要打造一個能與顧客建立關係的場所，這也是為什麼我希望銷售人員努力經營ＩＧ的理由。

POINT
經營ＩＧ將讓未來有一百八十度的轉變。

04 為了推銷商品而必須維繫的「三種關係」

前面已經為大家講解經營ＩＧ的必要性，但大家可知道，「門市」、「網路商店」、「ＩＧ」各自扮演什麼角色嗎？

了解這些角色之間的關係是經營ＩＧ的一大關鍵。

門市扮演的角色　門市的優點在於顧客可看到商品，也能當場試穿，還能得到銷售人員的建議，直接摸到商品，以及從不同的角度觀察商品，而且很多人都有過明明是要買某件商品，結果去到門市之後，反而買了另一件商品的經驗對吧？

網路商店扮演的角色　就算是很常在門市消費的顧客，也可能在離開門市之後，才覺得捨不得某樣商品，而改在網路商店購買對吧？網路商店的優點在於顧客可隨時隨地購買商品，還能進一步掌握商品的相關資訊。

此外，常買同個牌子的顧客通常對商品的尺寸稍微有點了解，所以也很常直接在網路商店購買。

ＩＧ扮演的角色　ＩＧ是宣傳「實際穿搭的情況」以及了解「時尚趨勢」與「建立口碑」的平台。**「網路商店沒辦法讓顧客知道穿在身上的大小與感覺，很難讓人決定購買」、「因為沒辦法去門市一趟，所以打算在網路商店購買，但還是想聽聽專家的意見」，ＩＧ就是能解決上述這類困擾，而讓顧客得到解答的平台。**

剛剛也提到 WEAR 這個網站讓更多人在 ZOZOTOWN 購物網站消費，**但現在的消費模式早已是顧客會參考風格與自己相近的網紅，再決定「要購買哪個牌子的哪件商品」**。

這意味著銷售人員在ＩＧ上傳造型這件事，有助於消費者了解穿在身上的感覺，不一定非得到門市試穿，也不用一直盯著網路商店的尺寸表，害怕買到不合身的衣服。

舉例來說，ＩＧ直播（Instagram 內建的直播功能）可讓顧客即時看到試穿的情況，顧客也能在直播的時候詢問「我身高大概○○公分，算是中等身材，該買Ｓ還是Ｍ的尺寸呢」，如此一來，顧客就能在家裡得到門市才有的服務與體驗。

顧客希望透過 IG 解決「不安與疑問」，也想透過 IG 感受「實際的使用情境」，所以經營 IG 的時候，最需要重視的就是「即時性與身歷其境的感受」。

該如何與顧客建立關係？

若問該怎麼透過ＩＧ與那些尋求即時感受的顧客建立關係，主要分成兩大模式，**一種是讓「❶來到門市的顧客」知道你的 IG 帳號，另一種則是吸引「❷ IG 使用者」，讓這些使用者對你產生興趣，進而追蹤你。**

與顧客建立關係的「兩大契機」

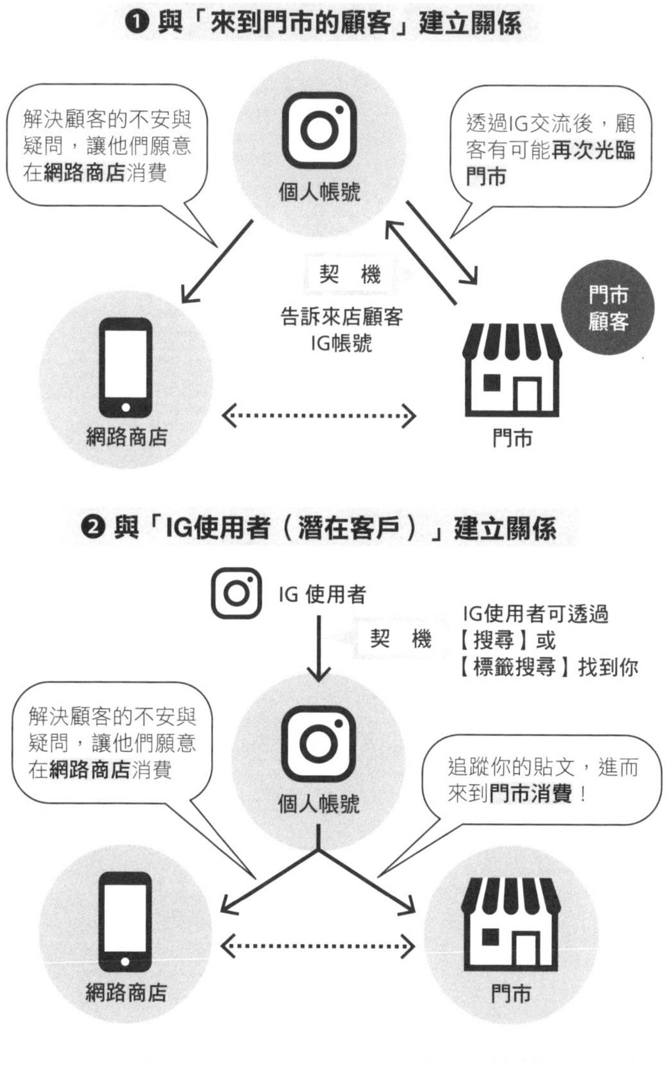
❶ 與「來到門市的顧客」建立關係
解決顧客的不安與疑問，讓他們願意在網路商店消費
個人帳號
透過IG交流後，顧客有可能再次光臨門市
契 機
告訴來店顧客IG帳號
門市顧客
網路商店
門市
❷ 與「IG使用者（潛在客戶）」建立關係
IG 使用者
契 機
IG使用者可透過【搜尋】或【標籤搜尋】找到你
解決顧客的不安與疑問，讓他們願意在網路商店消費
個人帳號
追蹤你的貼文，進而來到門市消費！
網路商店
門市

前者是來到門市的顧客，事後可透過ＩＧ建立關係，這類顧客也有可能成為所謂的「回頭客」，當他們看到你的貼文，有可能會透過私訊告訴你「這個造型很漂亮，能不能幫我留一套」；或是問你「我很喜歡新商品，但不知道該選哪個顏色，可以給我一點建議嗎？」，再跟你預約前往門市的時間。

後者則屬於「潛在客戶」。只要你不斷地上傳造型的貼文，某些ＩＧ使用者有可能會私訊詢問「這件衣服有哪些尺寸？」、「什麼時候會進貨呢？」，就算這些使用者無法直接上門光臨，也能讓他們在網路商店消費。

由此可知，「門市」、「網路商店」、「ＩＧ」三者的關係有多麼緊密了。

POINT

你可以主動創造讓顧客上門消費的動機。

05 疑問與不安都能利用「幫忙試穿」解決

不知道大家有沒有發現，上一節的內容有一些讓人在意的部分呢？那就是ＩＧ可讓顧客即時確認穿搭，再於門市或網路商店購買商品，也就是讓顧客「有機會去比較商品的平台」，但如果你覺得「沒那麼容易去瀏覽商品」、「網路商店沒辦法呈現單件商品的優點」，而放棄在ＩＧ上傳穿搭貼文，顧客購買商品的機率就會越來越低。

與其重視貼文的附加價值，還不如先貼文再說，否則顧客連考慮購買的機會都沒有。容我重申一次，跳過試穿，直接在網路商店購買算是一場賭注，因為很容易買到尺寸不對或不適合自己的衣服。收到商品之後，才發現「怎麼跟在網路看到的不一樣」的話，期待就會落空，甚至消費也會變得不那麼開心，而是感到有壓力。

我也是個很愛買東西的人，看到可愛的衣服就會忍不住買下來，但也很常買錯。

不過，若能在ＩＧ看到一些穿搭示範，就能解決這類問題。

打造一個能夠消除不安的環境

沒有顧客想買錯東西，所以身為銷售人員的你，除了幫顧客試穿之外，還可以加上一些「只有穿過的人才知道的資訊」，例如衣服的材質或是剪裁的特色，也可以在留言區詢問追蹤者的意見，就能以「幫忙試穿」的觀點寫出實用的貼文。

這時候該加註的資訊包含你的身高、體型或是造型的主要概念，至於該怎麼寫，會在後續的第三章進一步介紹。剛進貨的時候先上傳造型，等到促銷的時候，就能利用「限時動態精選」或「導覽」功能（將於第五章的第197、198頁介紹）建立「促銷商品清單」。

此外，若有顧客透過私訊或留言詢問，千萬不要用罐頭文回覆，而是要把自己當成提供諮詢的角色，透過文字解決顧客的煩惱與疑問。只要用心對待每位顧客，那麼希望得到建議的顧客就會越來越多。

只要能透過IG即時解決顧客的疑問與不安，顧客就有很高的機率購買你介紹的品牌，不會變心奔向其他的品牌。這種互動能提振業績，也能增加粉絲，所以接下來也會進一步說明這個部分。

POINT

IG是為顧客排憂解難的平台。

06 顧客喜歡「個人帳號」更勝官方帳號或商業帳號的理由

到目前為止，都在強烈建議大家「身為銷售人員，就要經營個人的ＩＧ」，但應該有不少人會問「我服務的品牌已經有官方ＩＧ帳號與各門市的ＩＧ帳號，這樣還不夠嗎？」

接著就為大家解說為什麼一定要經營「個人帳號」的理由。

服飾品牌經營ＩＧ的方式大致分成三種。

一種是整個品牌的「官方帳號」，其次是各門市的「商業帳號」，最後則是員工個人經營的「個人帳號」。

我之所以強烈推薦「個人帳號」，是因為與其經營商業帳號，銷售人員越是將經營

ＩＧ當成自己的事情，貼文就更具說服力。

你有追蹤「任何一間門市的帳號」嗎？

商業帳號的缺點在於只要不是特別喜歡這個品牌，也不是該門市的常客，就不大可能會追蹤，而且商業帳號若只有門市的宣傳照或是讓人體模型穿上衣服的造型照片，恐怕連常客都不會追蹤。

為什麼商業帳號會這麼糟糕呢？這是因為連銷售人員也不會太用心經營商業帳號。大部分的銷售人員都覺得「這種帳號最好是會有人追蹤啦」，顧客也會從字裡行間感受到這種疏離感。如果商業帳號不是所有員工齊心經營，恐怕沒有人會主動舉手攬下，因為肯定會是一大負擔。

所以我才推薦「個人帳號」。讓顧客成為門市的粉絲也沒關係。若想讓顧客成為你的粉絲，就要經營個人帳號，讓顧客願意來門市逛逛，讓你有機會服務這些顧客。如果覺得「只有自己經營ＩＧ，好像太搶風頭了」，不妨問問其他員工「要不要跟我一樣，經營屬於自己的帳號呢？」

讀到這裡，大家不妨挑出一些自己最有感的內容，分享給其他員工。**「我們再這樣下去，好像不大長進對吧？我覺得要提早替未來做些準備才行」**。如果不好意思跟同事說這些，那麼就把這本書借給他們吧，這可是前銷售人員後悔自己沒有趁早行動的心聲。

不管是本書的讀者，還是你身邊的同事，或多或少都會擔心「再這樣下去，工作真的沒問題嗎？」，也一定常常在想「一定要想點方法改變現狀」，只是大家都沒有貫徹想法的決心而已。如果大家都一直坐在原地的話，不如就從你開始，一步一腳印做給大家看，只要做出成果，大家一定會紛紛仿效你，而那時候的你早已領先他們一大段距離，成為備受顧客青睞的銷售人員。

該向髮型設計師學習的事情

當每位員工都能寫出充滿個人特色的貼文時，就是門市粉絲增加的時候。一如某些店，整間都是超受歡迎的髮型設計師，我們也可以打造出整間都是明星銷售人員的門市。

為什麼會有那麼多明星髮型設計師呢？那是因為他們若不主動吸引客人，就無法在他們的業界活下去，所以他們每個人都不斷地鑽研自己擅長的髮型，然後在街上尋找願意讓他們試剪的人，下班之後，也會不斷地練習剪髮與染髮，還會拍攝在ＩＧ使用的宣傳照。

銷售人員若不像髮型設計師那麼努力招攬客人，或許某天就會失業。

接下來是自己主動思考、採取行動的時代，你必須想像一年後的自己，以及進行一些全新的嘗試。一如本章開頭所述，銷售人員自己創造粉絲的時代已近在眼前，還請大家根據本書介紹的方法，開始經營個人帳號吧。

POINT

重視「個人品牌」的浪潮已席捲銷售人員的世界。

Interview

利用 Instagram 創造業績的現職銷售人員的經驗分享

或許讀到這裡，有不少讀者會覺得「我已經知道個人帳號有多麼重要，但努力真的會有報酬嗎？」為了解決大家的疑問，我請來利用ＩＧ創造業績的現職銷售人員，請她們為大家介紹經營ＩＧ能開創何種未來。

這次請來的是以女性休閒造型為號召的服飾品牌「SHENERY」的兩位銷售人員。

SHENERY 的每一位員工除了都很擅長營造品牌形象之餘，SHENERY 的員工帳號還有很多用心設計之處，例如可讓員工互相溝通，也妥善安排了購買商品與來店預約的動線。如果你也打算開始經營ＩＧ，當然不能不參考她們的ＩＧ！

SAKIKO HAMAYAMA
（@sakikohamayama）

一九九五年出生，從事服飾業六年。二〇一五年進入株式會社 PAL 服務，目前在 SHENERY 新宿店上班，也從事電商產品拍攝。

Q1 為什麼會開始經營個人帳號？

記得剛進入公司的時候，ＩＧ純粹是個人帳號，只會偶爾上傳一些門市的照片，或是與顧客建立關係，一直等到二〇一六年才開始當成銷售人員的帳號使用。

我當時是在 Kastane 這個品牌上班，我也發現許多 Kastane 員工都已經有很多的追蹤者，所以我才開始經營ＩＧ。

或許是因為品牌形象的關係，我的追蹤者的確慢慢增加，我也發現ＩＧ的影響力很大。二〇一七年成為 SHENERY 的創始員工之後，也繼續經營ＩＧ帳號。

Q2 開始經營個人帳號之後，有什麼改變嗎？

員工會收到顧客詢問商品的私訊。有些顧客看到貼文之後會透過私訊問「請問什麼時候會到貨？」、「已經開始銷售了嗎？」，然後要我們幫忙留貨或是直接在線上購買，再於約定的門市取貨。

SHENERY 的網路商店設有員工的個人網頁，如果顧客從員工提供的連結購買商品，**這筆業績還是算在員工身上，所以就算顧客是在私訊之後改在網路商店購買，還是讓人很開心**。

此外，這一兩年來，整個公司都有「努力經營社群網站」的共識與方針，所以考核員工的標準也有了一些調整。

Q3 在經營上，有沒有什麼是員工要一起注意的部分？

既然要經營ＩＧ，當然希望大家的追蹤者一起增加，所以整間新宿店的員工上傳一項新商品的時候，會在貼文放上所有員工的帳號。**我希望顧客在注意我之餘，也能發現「還有介紹這種造型的員工喲」，進而成為這位員工的粉絲，或許這麼一來，對方也能更了解 SHENERY。**我們同事之間的感情都不錯，整間店的氣氛也很融洽。SHENERY 的每個人一起貼上帳號的標籤，大家的追蹤者一起變多，也是一種互相拉抬的效果。

Q4 在貼文的時候，有沒有什麼要特別注意的事？

我在看ＩＧ網紅的貼文時，都會一直想「我到底想看的是？」例如我想看到的是銷售人員私底下的穿搭，因為我很好奇「銷售人員平常怎麼搭配自家品牌的衣服」。我好奇的事情，大家應該也會好奇，**所以我在假日貼文的時候，除了會穿自家品牌的衣服，也會搭配自己的衣服，以免宣傳的色彩太濃。**從洞察報告（ＩＧ的流量分析工具）來看，便服的穿搭也蠻受歡迎的。

Q5 什麼時候覺得還好有繼續經營個人帳號呢？

大概就是顧客跟我說「我很喜歡那個造型」的時候吧，不然就是因為ＩＧ經營得不錯，在品牌內部的會議被點名稱讚的時候，都讓我覺得還好有努力經營ＩＧ。

Q6 今後想透過ＩＧ實現什麼夢想呢？

只要我還待在SHENERY，**就希望成為更有影響力的人，例如一貼出新商品的文章，新商品瞬間就賣完**。

擔任總監的川島小姐（@sachie118）就是透過ＩＧ為品牌貢獻業績喲。最近顧客來店裡詢問的商品通常都是川島小姐在ＩＧ介紹過的商品，我一直都覺得川島小姐好厲害，而且要是川島小姐在貼文的時候，順便放上我的帳號，我的追蹤者都會變多，所以我們都會請川島小姐一起合照（笑）。我的話，倒是比較多顧客在留言區問我便服或是化妝品是「在哪裡買的？」，希望有一天，也會有人問我一些有關自家品牌的事情。

NANAE MURATA
（@nanae_）

一九八六年出生，從事服飾業七年。二〇一四年進入株式會社 PAL 服務。曾一度辭職，後來成為 SHENERY 創始員工，重回職場。目前在池袋店服務。

Q1 為什麼會開始經營個人帳號？

SHENERY 於二〇一七年創立的時候，整個品牌打算乘著社群網站普及的浪潮，全力經營社群網站。

每位員工也在那時候開始經營個人 IG 帳號，但大概是到了二〇一九年，才放更多心思在 IG 帳號吧，這也是因為**個人帳號會有一些私生活的貼文，宣傳的意味比較不會那麼濃厚，也比較容易引起顧客共鳴**。

Q2 開始經營個人帳號之後，有什麼改變嗎？

追蹤者超過三千人之後，每個月大概會有十位顧客透過私訊聯絡我，有些會跟我預約要來門市看看，說是「希望由我服務她」，有的則是為了「購買貼文介紹的商品」而來門市逛逛。在疫情蔓延之下，有不少顧客都是在網路商店購買，但是擔心買錯尺寸或是顏色的顧客，還是會透過私訊跟我說「想要直接在門市看看商品」。

至於第一次來門市的顧客，我都會介紹 SHENERY 的官方 IG 帳號，再向她們介紹**「官方帳號有追蹤各店員工的帳號，如果喜歡某位店員的穿搭，還請追蹤她們」，讓顧客成為 IG 的追蹤者，請她們有空再來店裡逛逛**。

Q3 在經營方面，有沒有什麼是員工要一起注意的部分？

介紹商品的時候，不要放上「不符合自己風格的商品」。每位員工都會以自己的方式穿搭，避免貼文有濃濃的宣傳感。

由於 SHENERY 沒有商業帳號，所以**大家在貼文的時候，都會記得加上「# shenery_ikebukuro」這類標籤**。有時候也會為了與總部以及其他分店分享資訊，「規定所有人在宣傳某項商品時，都要加上 # shenery_knit 這類標籤」。

Q4 在貼文的時候，有沒有什麼要特別注意的事？

盡量不要以固定的方向拍攝造型宣傳照，或是在拍攝商品照的時候，要稍微調整一下亮部與暗部，忠實呈現商品原有的色調。此外，撰寫貼文的時候，**盡可能使用符合自己個性的詞彙，不能太過隨性，也不需要太過謙遜**。

Q5 什麼時候覺得還好有繼續經營個人帳號呢？

每天聽到顧客跟我說「這個造型好可愛，我好想買」的時候。由於 SHENERY

的員工都很有自己的個性，所以**每當我看到想都沒想過的新造型，都有「沒想到還有這種搭配啊，好有趣耶」的想法，也常常參考這些造型**。其實當客人在店裡煩惱要不要試穿時，我都會用 iPad 讓客人看看其他店的員工都是怎麼搭配的。不管是穿搭的方式，還是穿在身上的感覺，都能利用 IG 讓顧客看得一清二楚呢。

Q6 今後想透過 IG 實現什麼夢想呢？

我希望能有更多人透過 IG 了解自家品牌。在這個疫情時代，其他品牌也很用心經營 IG，所以我希望**提升每位員工的力量，讓品牌成長到每位顧客能一眼看出「這絕對是 SHENERY 的衣服」的程度**。

Chapter

2

向 Instagram 專家學習「訊息傳達能力的基本知識」

07

「時尚網紅」如何推銷自己？

本章要跟大家談談銷售人員今後必備的「訊息傳達能力」。一直以來，銷售人員都是在門市接待客人，為眼前的客人提供最佳的建議，不過，IG上的你必須自行將資訊散播給「不特定多數的顧客」。

換言之，只要顧客還不認識你，就無法「請你幫忙挑選衣服」。在IG貼文時，必須將「個人檔案、貼文、照片、更新頻率」寫成任誰都能一眼認識你的內容。

每天在門市接待客人的時候，因為看得到彼此，所以只需要傾聽顧客的需求即可，但在IG的世界裡看不到彼此，所以你必須先告訴顧客「你的相關資訊」。

例如你可以透過「個人首頁」裡的自我描述，告訴顧客「你很擅長褲裝的穿搭」、「你很了解的設計師品牌」或「你平常都穿S尺寸的衣服」，**讓顧客知道你的「強**

項」或「特徵」，進而想要參考你推薦的穿搭，依照這類個人簡介來上傳相符的圖片貼文是非常重要的，這麼做可培養所謂的「訊息傳達能力」，讓你成為受顧客喜愛的銷售人員。

雖然時尚網紅經營ＩＧ的目的與銷售人員不同，但還是有許多值得參考之處，本章要為大家介紹那些身為ＩＧ先鋒的時尚網紅，都是如何推銷自己並累積粉絲的。

POINT

累積追蹤者的關鍵不只是貼文的內容。

08 成功的祕訣在於定時發文

若問經營ＩＧ要先做什麼的話，請先從「每天瀏覽ＩＧ」開始。「什麼？這種建議一點參考價值也沒有，可以教我更實用的技巧吧」，我彷彿聽到某處傳來這句話，但很可惜的是，若沒有每天瀏覽ＩＧ，學再多技巧也不可能成功經營ＩＧ。

唯一要注意的是，別只是走馬看花，否則什麼也學不到。大家可以先從追蹤喜歡的時尚品牌帳號開始，若能追蹤十個以上更好。

瀏覽這些帳號的時候，要問問自己「我是根據什麼關鍵字找到這個帳號的？」或是從這些帳號找出「值得仿效的介紹手法」。慢慢的你就會發現，那些擁有大批粉絲的時尚網紅之所以能夠成功，絕非只有小聰明或小技巧。

將注意力放在貼文內容

請大家試著搜尋「#uniqloootd」（原文為「#ユニクロコーデ」）這個標籤。有些貼文只有很美的穿搭，卻沒有文字，而你該特別注意的是「同時具備圖片與文字」的貼文。

從這些圖文並茂的貼文可以學到「介紹商品的切入點」，就算你的貼文只打算放圖，這些藏在每篇貼文裡面的「行銷巧思」，也一定值得你參考。

首先，為大家介紹有哪些類型的貼文。

❶參考 UNIQLO 新品列表的貼文

這是整理ＩＧ使用者「目前最想要的 UNIQLO 商品」的多圖貼文。許多多圖貼文的第一頁都是站在 UNIQLO 店內的自拍照，之後的頁面則是從 UNIQLO 官方網站截圖的商品照片。

將這類貼文換成自家品牌的商品，把在店內拍攝的穿搭自拍照再加上「新品列表」等標題字（本書第99頁將介紹如何在照片上編輯這些裝飾文字的方法），並設為本篇多圖貼文的第一張首頁圖，之後幾張則放上網路商店的商品圖片即可。應該有不少顧客對**「每天跟自家商品相處的銷售人員，也一定會買的商品」這個主題有興趣**。就算自己不擅長商品攝影，只要直接使用網路商店上面的商品照，也能輕鬆寫出圖文並茂的貼文。假設今後打算經營ＩＧ，請務必試試這個技巧。

❷分享想挑戰看看的穿搭

這是「挑戰上半身與下半身全部利用 UNIQLO 的衣服搭配」的多圖貼文。首頁是上下都穿 UNIQLO 衣服的照片，同時輸入了商品名稱。之後的頁面則放上不同角度的照片，說明衣服的剪裁。

將這類貼文換成自家品牌的內容，再試著介紹你想挑戰的穿搭就算完成了。你之所以**「想挑戰這類穿搭」的理由，不是因為你想挑戰，而是因為你想依照自己的「穿搭哲學」，提供與眾不同的穿搭示範**。

@n.etsuu　貼文第一頁在穿搭照片輸入了商品名稱與衣服的尺寸。

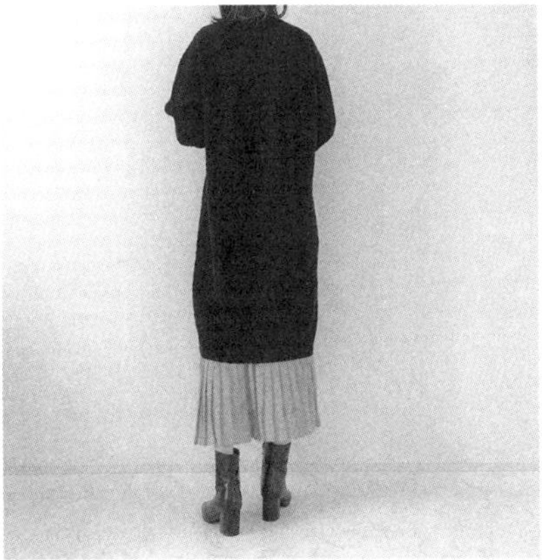

@n.etsuu　第四頁則是從背後說明衣服剪裁的照片。

假設有位員工想藉由衣服修飾身材，而強烈推薦「長裙穿搭」這種遮住大腿的打扮，那麼當他發現能修飾腿部線條的褲子新品時，應該會想告訴顧客「擔心曲線畢露的顧客，一定要穿看看這件褲子」對吧？

這時候就是所謂的「想挑戰看看的穿搭」。一如開頭所述，**只要顧客了解「你為什麼會推薦這類穿搭」，就算你突然介紹有別以往的褲裝穿搭，還是能得到顧客的共**

鳴與認同。

❸挑選看起來很時髦的配色

這是利用UNIQLO的配件介紹配色的多圖貼文。從「配色」的角度切入，介紹以配件為主軸的貼文，一定能讓ＩＧ的使用者找到每日穿搭的靈感。

將照片換成自家品牌之後，就能利用店內色彩繽紛的配件介紹配色的方法。

有些品牌平常都以黑白兩色為基本色，但有時會在換季的時候推出「薄荷綠」這種作為重點色使用的衣服。大部分的顧客都知道基本色很「百搭」，所以**若能讓顧客知道「薄荷綠洋裝能搭出多少種配色與造型」，你就能成為第一位向顧客推薦薄荷綠洋裝的銷售人員**。

就算見不到顧客，也能像這樣透過ＩＧ介紹新造型。就算不知道眼前是哪些顧客，這些新造型或穿搭概念也一定能透過智慧型手機傳遞給顧客。

❹比較同款商品不同顏色的穿搭結果

這是「女性試穿很受顧客喜愛的男性針織衫」的多圖貼文。貼文首頁是四種顏色的針織衫商品照，之後則分別是試穿這四種顏色針織衫的上半身照片。最後一張則是從側邊拍攝、說明剪裁的照片。

@hsr.ot__　貼文第一頁在穿搭照片輸入了企劃主題的標題文字。

@hsr.ot__　第三頁則是「薄荷綠×米白色」的建議造型。

將這種照片換成自家品牌的衣服，就能讓那些因為折好放在平台上或吊在衣架上導致埋沒其可愛之處的商品，變得更有魅力。

其實，大家不妨想像一下在門市服務客人的情景。假設顧客完全沒發現你推薦的商品有多好，你是不是會覺得「只要顧客願意試穿一下，一定會知道這件商品有多好」對吧？真的就是這樣，**所以你才要替顧客試穿，讓顧客透過照片知道商品那些沒穿過就不**

▶ @maki_h.a　第一頁是商品的陳列照片。其中輸入了商品名稱與衣服尺寸。

▶ @maki_h.a　第二頁是穿著「米白色」針織衫的照片。

會知道的可愛之處。就連那些在門市賣不好的商品，也有可能因為你在ＩＧ介紹而成為超受歡迎的商品，這些商品有可能蘊藏著創造這類傳說的潛力。

建議大家像這樣，一邊分析別人的貼文，一邊置換成自家品牌的商品，然後將心得寫在筆記本裡面。

之所以拿 UNIQLO 當例子，是因為乍看之下，UNIQLO 的衣服誰來穿都一樣，會讓人覺得「難以介紹」，但對於那些不是 UNIQLO 銷售員的人而言，能穿出特色的人都花了很多心思搭配，想辦法從不同的角度介紹很時尚的穿搭。

每天向眼前的顧客介紹大量商品的你，一定有很多「推薦的話術」，請務必落實在自己的貼文裡。

POINT

許多 hashtag 標籤都藏著別有巧思的創意。

09 「個人檔案」是學習的寶庫

接著讓我們看看前述貼文的發文者吧。

點開發文者的帳號之後，首先該注意的是「個人檔案」，因為這部分可以讓我們學到很多東西，例如發文者是怎麼推銷自己與圈粉的。

❶ otosan（おとさん）@hsr.ot_（前一節範例❶與範例❸的發文者）

otosan 除了在個人檔案載明身高與經歷之外，還說明自己曾監製時尚品牌與擔任二手服飾銷售人員的經歷。

由於ＩＧ使用者不會知道你是誰，所以透過個人檔案讓追蹤者一眼看出「發文者的特質，追蹤他的ＩＧ可以學到哪些造型」等資訊，是非常重要的一環。

@hsr.ot__的個人檔案

❷etsukosan（えつこさん）@n.etsuu（前一節範例❷的發文者）

etsukosan 在個人檔案載明了自己的身高、喜歡的品牌與個人品味，還告訴大家自己有兩個小孩與一隻狗，也在 Ameba 經營時尚部落格。

etsukosan 的ＩＧ很值得個子較高的人參考之外，也能學到一些利用平價時尚飾品打造簡潔造型的訣竅，所以能吸引品味相同的人，或是有小孩以及想要「買到兼具實用性與時尚感的服飾」的人。

除了自己的體型與時尚品味之外，家庭環境與生活型態也是很重要的資訊。大家是不是常常追蹤生活型態與自己相似的人呢？在收集資料的時候，千萬要記得注意這些細節。

@n.etsuu 個人檔案

身為銷售人員的你就算不想揭露家庭成員有哪些人，只要個人資訊符合帳號的概念，就可以試著將個人資訊放在個人檔案裡面顯示。

舉例來說，住在老家與一個人在外面住，買衣服的預算當然不一樣，所以若能讓顧客了解你的生活型態，顧客也會覺得跟你很親近。

當你發現「原來那些擁有大批粉絲的人都有自己的貼文風格，而且為了讓生活型態或品味與自己相近的人參考自己的造型，往往會在個人檔案的欄位載明體型、家族成員以及出生地，也會每天更新精心設計過的貼文內容，所以才能擁有這麼多粉絲啊」這件事，你貼文的心態就會產生一百八十度轉變，再也不會走冤枉路了。

事不宜遲，建議大家從今天開始，連續瀏覽ＩＧ一週吧。

POINT

要吸引更多認同你的人，就要善用個人檔案。

10 能得到關注的人都具備「GIVE（提供觀點）」的能力

大家在研究ＩＧ這麼久之後，有沒有發現一件事？那就是能站在對方角度貼文的人，就能擄獲大批粉絲的心。

貼文的時候，必須問自己「看的人會不會喜歡這類內容」，否則光是放上造型的內容，是無法增加粉絲的。

舉例來說，二〇二〇年十一月十三日，UNIQLO與設計師Jil Sander睽違九年，共同發表了「＋J」這一系列的聯名商品，從訊息發布的那天開始，許多時尚網紅便紛紛撰文，分享自己要買哪一件。

這簡直就是在告知大家「雖然還沒開始銷售，但已滿心期待，準備購買某款商品」！若從自己的角度來看，明明都還不知道買不買得到想要的商品，而且也很可能會跟別人撞衫，卻還是告訴大家「我一定會買這個」，你不覺得這種提供觀點的 GIVE 能力很驚人嗎？

更何況發文者不是 UNIQLO 的員工。

若想成為「被搜尋的人」

對擁有大量粉絲的時尚網紅來說，搶先一步用「自己的話」傳遞流行資訊，是經營自媒體理所當然會做的事。

其實有不少顧客是先參考時尚網紅的資訊才購買商品的，而且打算在網路商店購買商品的顧客，也常搜尋「#uniqlojilsander」、「#uniqloplusj」這類標籤，確認衣服的尺寸，以及決定要買哪些配件或衣服。

我希望身為銷售人員的你也能成為「被搜尋的人」。要做到這點，**就必須先知道自**

家品牌都會登上哪些雜誌的版面，或是想推出哪些商品，也要替詢問度較高的商品設計各種標籤，方便更多ＩＧ使用者搜尋。

就算商品與UNIQLO一樣，看起來都很類似，但材質、剪裁、大小還是不同，所以這時候就需要加上「商品名稱」的標籤。以UNIQLO為例，名列搜尋結果前段班的網紅，通常會使用「＃羽絨衣」（＃ハイブリッドダウンジャケット）這類標籤，也就是加上商品名稱的標籤。

許多顧客在挑選尺寸時，會在逛完網路商店後，在ＩＧ搜尋商品名稱，所以當然要利用這類商品名稱的標籤，讓顧客找到你的ＩＧ。

預測顧客的行為模式以及事先做好準備，正是「GIVE（提供觀點）」的超前部署能力。

POINT

搜尋「商品名稱」的人很可能成為顧客。

11 能拍出「好照片」絕非偶然，而是必然

許多銷售人員都說自己沒時間，所以只放上衣服穿在人體模特兒身上的照片，或是在試衣間試穿的照片，但顧客根本無法從這些照片得到任何參考資料。

之前提過，顧客想透過ＩＧ得到的是「即時性與身臨其境的感受」，所以拍照的時候，應該走出門市，在街上拍些生活照，光是在自然光底下拍照，照片的質感就截然不同。如果顧客能從照片了解**「在日常生活穿這些衣服的感覺」，以及「穿這些衣服走在街上的模樣」，就能更了解這些商品的魅力**。

在說明拍攝這類照片的方法之前，希望先跟大家一起認識「ＩＧ照片的本質」。

如果不先掌握ＩＧ照片的本質，只學會一些耍小聰明的技巧，那麼每次拍照都會煩惱該怎麼拍，所以讓我們先從掌握ＩＧ照片的本質開始。

寫出照片怪怪的地方

請大家先看看這張照片。這是我在二〇一七年八月，打算認真經營ＩＧ之際拍攝的照片。

▶ 不好不壞的「ＩＧ照片」

大家覺得這張照片適合「放上ＩＧ」嗎？

讓我們從「找出這張照片的問題」開始吧。

若說這張照片有哪些不對勁，大概可以列出下面這些地方：

❶ 照片的大小不上不下
❷ 背景亂七八糟
❸ 看不出照片的主旨

根據上述三點，我都把這類照片稱為「消遣用的照片」。

反觀「IG照片」的重點在於「要讓瀏覽的人知道照片的主旨」。接著，為大家一一解說上述三點的問題。

❶照片的大小不上不下

說真的，大家不覺得照片的大小很奇怪嗎？

社群網站的畫面都是固定的大小，例如 Twitter 是橫長的長方形，ＩＧ是正方形。如果「先用 iPhone 拍攝全螢幕的照片，之後再將照片裁成正方形就好」，或許有很多人都會在拍完照片之後這麼做，但將這類照片放上ＩＧ之後，照片就無法保持原本的構圖，換言之「一開始就要以ＩＧ的版面大小來拍攝」。

如果沒有根據ＩＧ的版面大小拍攝，在裁切照片的時候就會發現「留白不夠的問題」。這裡說的「留白」是指「包含背景的空間」，在ＩＧ也是非常重要的元素。

在瀏覽ＩＧ動態消息（貼文清單）的時候，還會覺得佔滿整個畫面的商品照片很「時尚」嗎？

ＩＧ照片是利用空間襯托商品，「突顯商品的魅力」，所以拍攝時，也要注意背景的「留白」。若要設計出風格一致的動態消息畫面，就必須重視這類留白，才能讓更多人願意繼續瀏覽你的帳號。

▶ OK 範例。有注意到背景的留白。

▶ NG 範例。拍攝主體佔滿了畫面，完全沒有留白。

此外，iPhone 的相機雖然內建「正方形」這個以正方形的大小拍攝照片的功能，但我不大建議使用這項功能。我推薦的拍照步驟如下：

（1）利用 iPhone 的「拍照」功能拍攝。如果準備將這張照片放上ＩＧ，就要在拍攝時，在照片上下預留空白，以便後續裁成正方形；如果是「限時動態」的照片，就記得以直向的方式拍照，因為限時動態的版面是縱向的長方形。

（2）點選【編輯】，再點選【校正】。

（3）點選右上角的「長寬比」圖示，再點選【正方形】，將照片裁成正方形，再點選右下角的【完成】。

（4）於（2）點選【校正】，調整背景的平衡。

（4）的【校正】可將地面調成水平角度，或是將背景的牆壁或桌子的線條調整成垂直角度。大家只要瀏覽我的ＩＧ（@may_ugram）應該就會發現，照片之中的線條不是水平就是垂直的，這些都是使用【校正】調整過的結果。

這意味著若一開始就拍成正方形，就不會有留白（背景），商品也會被切到，所以才建議大家以預設的拍照功能拍攝，之後才能透過後製修正。

本節開頭介紹的照片既沒有留白，頭也被切掉了一點，而且完全不符合ＩＧ的版面，所以真的只能算是「消遣用的照片」。

❷背景亂七八糟

接著，讓我們將注意力放在背景。

「ＩＧ照片」是由拍攝主體與背景組成的，即使拍攝主體再美，只要背景出現問題，整張照片就毀了。比方說本節開頭的照片包含人物、柱子、植物、招牌，背景顯得十分雜亂，也缺乏一致性，**所以要拍攝「ＩＧ照片」，記得選擇圖案簡單的牆壁，若是在街上拍照，也盡可能不要拍到拍攝主體以外的人。此外，身為銷售人員的你必須思考自己的造型會不會跟背景融為一體，構思穿搭時，要連同背景一併考慮進去。**

比方說，在介紹「碎花上衣」的時候，選擇沒有任何圖案的牆壁當背景，比較能強調上衣的碎花，看起來也比較好看一點對吧？假設介紹的是以黃色為重點色的上衣，背景也是黃色色調的話，就能拍出雜誌等級的照片了。

不過，通常很難找到顏色相符的牆壁，所以接下來要為大家介紹一些實用的方法。**百貨公司或購物中心的各樓層，常會依照櫃位調性選用不同質感的牆壁，或是營造不同的空間感，我們在拍照的時候，就可以多加善用這些牆壁或空間。**

假設是紅磚質感的牆壁，就很適合襯托傳統風格的造型。如果是水泥質感的牆壁，則與非黑即白的雙色調造型搭配。大家在逛百貨公司或散步的時候，試著尋找一些「適合當背景的牆壁」，肯定能讓照片的質感大幅提升。

由於作為背景的牆壁只要能填滿正方形的版面即可，所以只需要稍微留意，應該就能找到合適的牆壁。如果打算在照片添加一些簡單的文字，表面素淨的牆壁就能派上用場了。

請大家從今天開始，注意身邊有沒有適合當作照片背景的牆壁吧。

❸看不出照片的主旨

「ＩＧ照片」必須有明確的主旨，換言之，必須先想好「到底想透過照片傳遞什麼訊息」，不能只是把一堆東西塞在照片裡面。

以本節開頭介紹的「消遣用照片」與左側的照片相比，應該不難一眼看出差異對吧？排除多餘的元素之後，照片也變得簡潔有力。

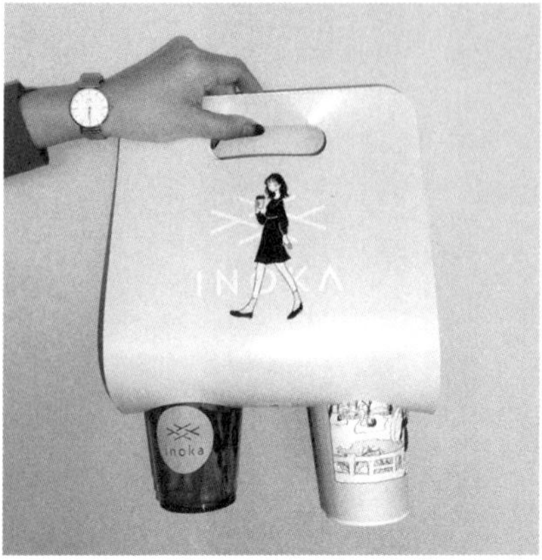

▶ OK範例。將重點放在飲料，讓追蹤者注意到包裝設計與商品種類。

▶ OK範例。縮減空間，突顯店內氣氛與當天的穿搭。

我知道身為銷售人員的你，不會在經營ＩＧ的時候，將一些時尚元素放進拍得很好看的聖代或飲料的照片，但如果遇到「很想將一大堆元素放進照片」的時候，請大家回想一下本節開頭那張照片。

不時地反問自己「ＩＧ照片真的適合加入這麼多元素嗎？」，就能拍出主旨明確的照片。這可是在思考照片主旨之際，第一個要突破的難關喲。

POINT

最該聚焦的是你最推薦的部分。

12 利用「穿搭照片」讓粉絲想像你的日常生活

總算要進入實戰篇了！銷售人員拍攝穿搭造型的方式有以下三種，接下來為大家一一講解。

❶穿搭照片（穿在身上的照片）
❷配件細節照片（穿在身上的照片）
❸配飾照片（物品陳設照）

❶穿搭照片（穿在身上的照片）

首先是拍攝最經典的全身造型照片。

模特兒站在「門市附近的牆壁前面，視線微微朝下」，攝影師則「蹲在地上，以低角度、由下而上拍攝，將拍攝主體的腿長拍得更長」，是最常見的拍攝方式。

若問這種照片有什麼需要修正的，就是「要讓模特兒動起來」，意思是拍攝時，也請模特兒沿著背景慢慢走，而不是站在同一個位置擺出不同的表情與姿勢。

這時候攝影師可讓相機的鏡頭與背景的牆壁平行，再請模特兒左右走、往前走或是在固定範圍之內來回走，再以連拍的方式捕捉模特兒的動態，就能拍出具有「ＩＧ質感」的照片。

若問模特兒這時該做什麼動作的話，可以一邊直直往前走，一邊看向左右兩側；或是看著手上的包包，而且還要記得微笑，以免表情太過僵硬。只要嘴角微微揚起，視線也會變得柔和。

此外，若不想露臉，可在將照片裁切成正方形的時候，從嘴巴的下方開始裁切，讓ＩＧ的追蹤者只能看到造型。

攝影師則要記得以連拍的方式捕捉模特兒的動態，還要注意背景與拿著相機的身體角度。連拍時，攝影師通常會將全部的注意力放在模特兒身上，所以很常發生看了照片才發現背景傾斜的問題。

這裡說的「傾斜」是指作為背景的牆壁帶有一些線條，這些線條的角度是否傾斜的意思。

舉例來說，背景是帶有線條的磁磚牆、紅磚牆，或是牆壁與牆壁之間有接縫的情

▶ @ing.cream 捕捉步行時的動態，能拍出較自然的照片。

▶ @ing.cream 牆壁的線條是垂直的，地板的磁磚線條也是平行的。

況，請盡可能將這些線條拍成平行的角度。假設天花板比較矮，也要注意天花板的邊角是否落在照片的對角線上面，才能拍出視角工整的照片。

或許有人會覺得「有必要那麼工整嗎？」但是當一篇篇貼文接連呈現在「動態消息」的畫面之後，就會發現觀感全然不同，這也是使用者考量「要不要追蹤」的因素之一。

❷配件細節照片（穿在身上的照片）

接著要說明的是如何只拍攝上衣或褲子、鞋子的照片。簡單來說，就是將焦點只放在商品的拍攝方式。

要突顯商品的材質或剪裁時，背景當然越簡單越好，也要思考商品有哪些特點，**但如果想拍出「讓人一看就大讚可愛，好想買」的照片，那麼祕訣就藏在小配件裡**。

假設你想介紹的是針織衫，但卻只穿著針織衫拍照的話，看起來就跟網路商店的商品照片沒兩樣對吧？之前提過，顧客在ＩＧ尋找商品時，最重視的是「即時性與身臨其境的感受」，而最能營造生活感的關鍵就是這些小配件。

如果能在拍攝的時候適度搭配這些小配件，就會吸引到也想如此穿搭的顧客。

左側的上衣商品照，重點是另外披了件衣服（洋蔥式穿搭），以及利用配飾（耳環與項鍊）與配件（小包包）塑造整體性。拍攝完畢後，要自己看了照片都會覺得「這樣很時尚」才算及格。拍攝上衣商品照的時候，最好只讓脖子以下的部位入鏡，因為臉部沒有入鏡，顧客才能代入自己，想像著如此打扮的自己。

▶ @sakikohamayama　拍攝上衣的商品照時，可搭一些配飾或是個人物品，營造「即時性與身臨其境的感受」！

▶ @sakikohamayama　就算是下半身的商品照，也能讓小包包入鏡，營造日常生活的氛圍。

拍攝下半身的時候，建議利用襪子或鞋子替畫面點綴一些重點。不管在門市或是在ＩＧ，評斷一名銷售人員是否時尚的標準都是一樣的，建議大家一邊檢視在門市的造型，一邊確認腳部的打扮是否合宜。

穿著七分褲或長裙拍攝時，絕對要特別注意搭配的襪子與鞋子喲！

❸配飾照片（物品陳設照）

最後要介紹的是將商品擺在桌上或其他地方的陳設照。

大部分的時尚配件都會擺在架子上面拍攝，鞋子則會排在地板上再拍，但是**要替這些小配件或鞋子拍出時尚感，除了陳設方式之外，要更重視背景的選擇**。

或許有些人聽到「背景」的時候，會立刻覺得「哪找得到很時尚的背景啊」，但是大家請放心，光是將白色或米色的衣服放在門市的架上，再將配件（例如新品的鞋子或配飾）放在這些衣服上面，就能拍出很有質感的配飾照片。

我曾在各種場所參與拍攝工作，每次拍攝也都會思考背景的問題，但最終都是先想像這些配飾穿在身上的感覺，**再以設計造型的概念，也就是以背景襯托衣服的思維，進**

而得出「想讓這個配飾與這件針織衫搭配」或「想襯托這個配飾，所以穿這件針織衫」這類結論。

畢竟主角都是配飾，所以可將衣服攤平，當成背景使用。由於衣服只是用來襯托商品的「道具」，所以不大需要講究是長袖還是短袖。至於拍攝的重點則是：**當被攝物的體積較大時（鞋子或包包），可選擇材質較薄的衣服當背**

▶ 假設拍攝主體的體積較大，可試著讓背景的布變皺。

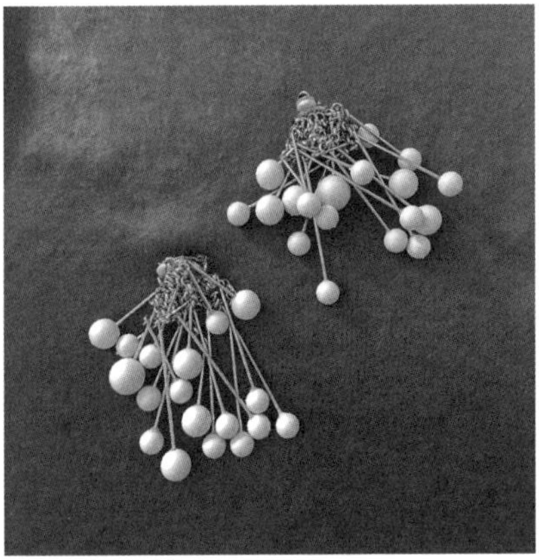

▶ 假設拍攝主體比較小，可讓背景的布攤平。

景，而且可以將衣服揉得皺皺的，畫面看起來才會協調；如果被攝物的體積較小（耳環或項鍊），則建議將當作背景使用的衣服攤平再拍攝，否則視線會很難集中在小配飾上。

只要每天拍攝這類照片，應該就能掌握要領。在ＩＧ搜尋「＃配件」、「＃擺拍」（＃置き画コーデ），可以看到各種商品的陳設照，如果有找到「想模仿的照片」，建議不斷地模仿這類照片的陳設方式，應該就能拍出好照片。

POINT

試著練習，在熟悉的街景中突顯你的穿搭概念。

13 ＩＧ陳設達人傳授的「拍出清新脫俗感的祕訣」

這次要介紹的是金山小姐（@kanayamataisei）這位網紅的「ＩＧ擺設照的拍攝理論」。在我看過無數商品陳設照之中，她拍攝的照片最讓我感動，也讓我「最想模仿」。要將衣服拍得漂亮，「構圖」、「後製」、「留白」缺一不可。話不多說，就讓我為大家逐項介紹這些重點。

❶構圖

（1）鋸齒型：小配飾的構圖平衡最重要！

這是以不同的角度將底層商品（上衣、褲子、雜誌）擺成鋸齒狀的陳設方式。以這種方式陳設商品時，可利用鞋子的「角度」突顯個人美學的特色。由於照片裡的鞋子是

拍出「時尚陳設照」的三種模式

（1）鋸齒型

以不同的角度將底層商品擺成鋸齒狀的陳設方式

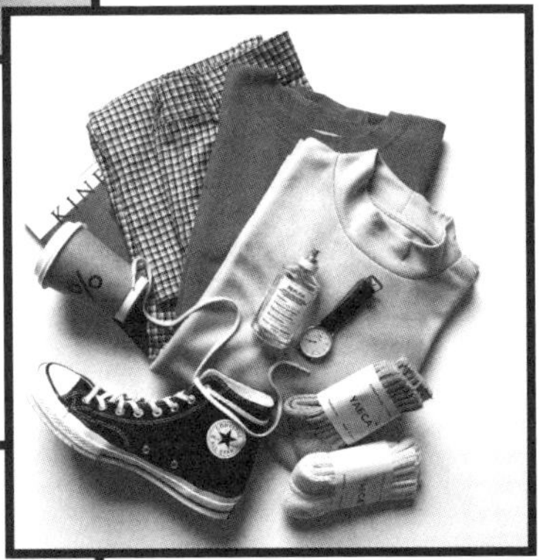

（2）扇型

將底層商品攤成扇型，再將鞋子擺在扇型中的對角線

（3）攤平型

攤開上衣，再將商品放在衣服上面的陳設方式

高筒帆布鞋，所以只放了單腳的鞋子，保持畫面的整體性。

（2）扇型：色調必須統一！

這是將底層商品攤成扇型，再於扇子的對角線配置鞋子的方法。此時商品的色調若是一致，就能營造一體感。同樣的，照片的完成度也會受到鞋子的角度影響，所以若是如照片中這種有鞋帶的鞋子，建議讓鞋帶隨意地攤開來。

（3）攤平型：重點在於商品的配置！

這是將上衣攤開，再將商品放在衣服上面的陳設方式。

乍看之下，商品位於左下角，右上角空了一大塊的照片好像很不協調，但是在動態消息畫面（貼文清單）瀏覽時，就會發現這種陳設方式不僅能讓人注意到商品，看起來還很協調。

❷ 後製

拍攝的時候，可使用 iPhone 的「Normal」模式拍攝。

不必特別使用照片軟體的濾鏡，只需要使用 IG 的「編輯」功能來調整，就能拍出這麼時尚的照片！重點在於拍照時盡量不要直接套用其他色調的濾鏡或修圖軟體，才能保留商品原有的質感與色調。

（1）在「個人檔案」畫面按下新貼文的【＋】，選擇【貼文】。

（2）選擇要上傳的照片後，點選右上角的【下一步】。

（3）點選【編輯】，就會顯示各種後製功能。

（4）將【亮度】與【亮部】調整至 40～50 之間。

（5）最後將【對比】與【飽和度】調降至 -10～-5 之間。

❸ 留白

要讓畫面顯得更開闊，就要刻意留下空白。

請大家稍微看一下在「❶構圖」介紹的「鋸齒型」、「扇型」與「攤平型」的照片，應該會發現在**商品周圍留下適當的空白，能讓照片顯得更立體、更脫俗**。這種營造開闊感的技巧，可說是版面較小的ＩＧ專用的喲。

大家覺得如何？應該有不少想立刻模仿的技巧吧？真的非常感謝金山小姐的示範。金山小姐的ＩＧ（@kanayamataisei）除了介紹許多時尚生活照與服飾陳設照的拍攝技巧，還有許多造型、攝影、文案的「範本」，請大家務必參考看看。

POINT

讓照片更美麗的黃金比例為「亮度加40～50」、「亮部加40～50」。

14 沒有人幫忙拍攝時的解決方案

「我也想拍造型照或是配件的穿搭照，但沒有員工可以幫忙拍……」我知道員工較少的門市都有類似的情況，不過**這時候要請大家練習的是「對鏡自拍」這項技巧，也就是利用門市或試衣間的鏡子拍照**。

重點在於拍照時，讓你的智慧型手機成為時尚配件之一。換句話說，不要「只是拿著智慧型手機對著鏡子自拍」，而是要讓手機或手機殼成為造型的一部分，或是將智慧型手機調整成看不見臉的角度再拍攝，總之就是自己營造出「拿著智慧型手機比較時尚」的狀態。

對著鏡子自拍時，看不見表情反而更容易將視線引導到手部的指甲或是戒指，所以這種拍攝方式也很適合用來介紹這些小配件。

對鏡自拍時，不要拍全身

大家是否看過對著電梯鏡自拍的造型照？這可是失敗照片的前幾名喲。這類照片最糟糕的地方在於「拍到全身」。當我們讓智慧型手機往前傾，連腳趾頭都拍到的話，通常會把腿部拍得很短，全身的比例也會變得很糟糕，而且在昏暗的燈光下拍照，無法突

▶ @nanae_　對鏡自拍最好只拍到膝蓋以上的上半身。

▶ @sakikohamayama　貼在鏡子前面自拍，能拍出充滿時尚感的照片。

顯衣服的材質與剪裁，智慧型手機也無法成為時尚配件之一……一切的一切都不利於拍照。

若問該怎麼改善這些缺點，**首先不要拍全身，只拍到膝蓋以上的上半身就好。假設想要說明全身的穿搭，建議蹲在鏡子前面，或是找張椅子坐下來再拍。**如此一來，就能拍出充滿時尚感的照片。

假設想一個人拍攝全身的穿搭照，可使用腳架自拍。自拍時，記得將腳架調整到視線水平的高度來拍攝。

POINT

自拍時，手機殼或是手指指尖都需要格外注意。

15 熟悉「減法後製」的步驟

拍出完美的照片之後，接著就是後製。

如果你每次拍照都會使用有濾鏡的 APP，**建議從今天開始不要再使用這類 APP，因為濾鏡會讓照片的畫質變差，商品的色調也會失真**。

一如白色分成純白與象牙白，黑色也有漆黑色或近似深藍的黑色，許多顧客在購物時，都有「看到色票也看不出色調」的不安。

所以在ＩＧ放上商品照的時候，務必反問自己「照片的色調是否與實物相近，有沒有拍出更寫實的質感」，而要達到這兩項要求就需要打光。假設是在室內拍攝，就在有日光燈的場所拍攝吧。

由於電燈泡的光線偏黃，所以比較建議在陽光充足的早上戶外拍攝。利用智慧型手機拍好照片之後，可依照下列的步驟調整亮度。

（1）點選智慧型手機預設的【編輯】功能，再點選【曝光】，將亮度調整至不會產生過曝區塊的程度。
（2）接著再選擇【陰影】，稍微增加陰影的亮度。
（3）最後選擇【增豔】，讓亮度變得更均勻。

如此一來，看似平凡的照片就會搖身一變，成為令人刮目相看的「ＩＧ照片」！

如果調整這三個部分依然覺得照片有太多陰影，或是有其他問題，代表照片沒拍好，建議重拍一次。

另外要注意的是，套用（3）的【增豔】效果之後，色調會與原本的色調有些誤差，不過ＩＧ同一則貼文內可以上傳十張照片，所以**第一張可以放上較華麗的照片（有點像是雜誌的封面），吸引追蹤者的注意力，第二張再放上稍微調整過亮度、較重視原貌的照片。**

從正上方拍照，也不會出現陰影的方法

照片最常需要重拍的原因，應該就是從正上方拍攝照片的時候，商品上面出現陰影的情況吧。

為了解決這個問題，請大家務必學會「移開陰影」的拍攝方法。話不多說，讓我們一起試著拍拍看吧。

（1）先將智慧型手機調整成從商品正上方往下拍的角度。這時候的重點在於智慧型手機的角度要與桌子或地板呈水平。

（2）假設這時候影子落在商品上面，就要以「移開陰影」的方式重新拍攝。

（3）絕不能為了移開陰影而將智慧型手機拿成斜的，而是要保持水平的角度，讓智慧型手機往自己身體的方向移動。記得這時候不要移動商品。

（4）當陰影移到商品下方，原本位於正中央的商品移到畫面上方之後，再使用裁切功能裁掉陰影。

讓照片裡的「陰影」移到其他位置的方法

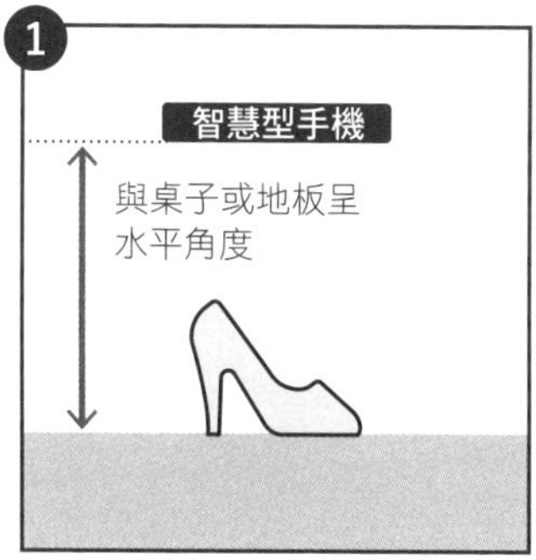

重點在於將智慧型手機放在商品的正上方，以及保持水平角度。

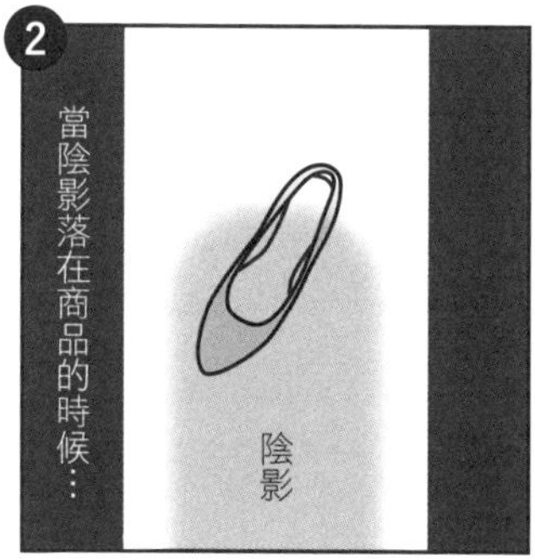

如果有陰影落在商品上面，就要重新拍攝。

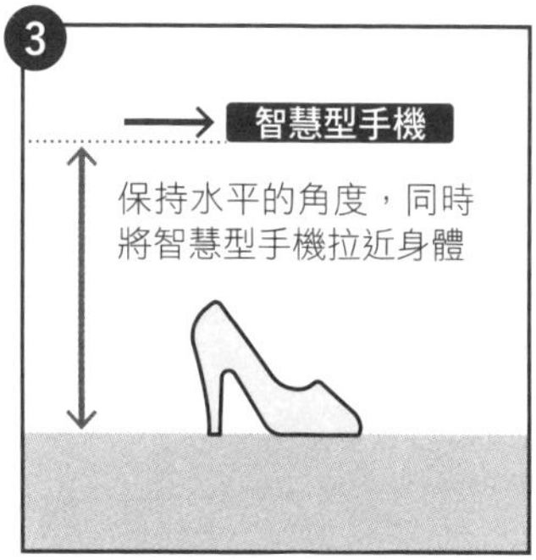

不能為了避開陰影將智慧型手機拿成斜的。將智慧型手機拉近身體的同時，要保持水平的角度。

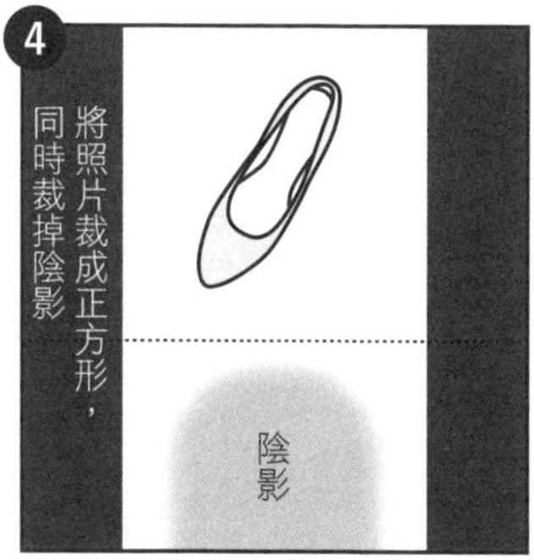

當陰影位於商品下方，商品位於畫面上方時，選擇「正方形」選項裁掉陰影。

只要發現商品沒有被陰影蓋到，就可利用適合放上ＩＧ的正方形選項裁掉陰影。
這也是為什麼我都會先以一般模式拍照的原因。
之後只需要依照前面介紹的三個步驟調整亮度即可。

POINT

【曝光】、【陰影】、【增豔】是後製三大利器。

16 快速營造時尚感的「文字裝飾」

學會照片後製的技巧之後，最後就是要輸入文字。

最近越來越常看到附帶文案的ＩＧ照片。乍看之下，輸入文字是件麻煩事，但其實有很簡單的方法，接著就為大家介紹這個方法。

❶在ＩＧ的限時動態輸入文字

（1）在「個人檔案」點選新增貼文的【＋】，再點選【限時動態】。

（2）拍攝照片或是從相簿選擇要輸入文字的照片。

（3）點選【Aa】符號輸入文字再點選【完成】，然後點選【⤓】，將照片存入相簿。

在發布限時動態時，通常會在輸入文字之後直接上傳，**但也可以在限時動態裡先在照片上輸入文字，儲存之後再上傳至動態消息**。

❷利用 Phonto 輸入文字

就目前而言，許多在ＩＧ照片加上文字的使用者都會使用「Phonto」這套在照片輸入文字的免費 APP，我之前也用過其他類似的文字後製 APP，但 Phonto 比較容易使用，字型的種類也比較多，字體的顏色與設計都能自由設定，所以令我愛不釋手。我最推薦的字型是「HIRAGINO 明朝體」與「HIRAGINO 角歌德體」。只要一點小心思，就能讓貼文變得更精緻，建議大家務必試用看看。

為什麼要在照片上輸入文字？

或許有些人會想問「到底是為了什麼，非得在照片輸入文字？」簡單來說，就是為了讓貼文更吸引別人的注意力。

在輸入文字這件事還沒形成風潮之前，「照片拍得好不好，模特兒可不可愛，時不時尚」是貼文吸引注意力的關鍵，直到輸入文字這件事成為流行之後，就算照片拍得沒那麼時尚，還是能利用吸睛的文字（標題）吸引眾人的目光。

希望大家今後也能培養所謂的「文案力」。

輸入文字的時候，不妨從最想透過這篇貼文述說的文案開始輸入，而且要站在「GIVE（提供觀點）」的角度設計文案，而不是只顧自說自話。

POINT

讓顧客點擊的基準，從「照片看起來漂亮」變成「文案要有料」。

17 如果是這種例行公事的話，就能持續做下去

前面已經提過，要想徹底鍛練「訊息傳達能力」，可以參考時尚網紅的「個人檔案、貼文與貼文照片」，而最後該效法的是「更新頻率」。我知道有很多銷售人員會擔心「沒辦法每天拍攝照片」或「沒辦法每天貼文」，但其實可以一次多拍幾張照片存起來，留待後續發布。

最理想的更新頻率是一天貼一次文章，此時可每週想一個能分成七次貼文的企劃，再依照企劃內容拍攝造型照。之後可使用ＩＧ的「草稿」功能預先上傳貼文內容，就能在一天之內寫好七天的貼文。

這裡說的「企劃」是指造型建議。只要掌握住大方向，想參考你的貼文的顧客就會

越來越多。

有沒有事先擬定企劃，仔細安排七天份的造型，顧客完全感受得到。

所謂「身臨其境的感受」往往來自各種場景。

雜誌的目錄或附帶文字的ＩＧ照片，當然也很值得作為企劃的參考，**但最理想的企劃莫過於在每天服務客人之際，「希望這位顧客試穿這件衣服」的想法**。比方說，可試著以商品或穿搭的概念，製作顧客可能有興趣的企劃，「只穿素色衣服的人也很適合穿的碎花上衣」、「初學者也能挑戰看看的造型」、「喜歡以一件衣服搭出各種穿法的人也適合穿的連身裙」、「能讓雙腳看起來特別修長的褲子」、「凡事講求效率的人一定要穿的免燙襯衫」、「邊放鬆、邊享受時尚的穿搭」、「一週能穿三次的速乾服飾」，都是不錯的企劃。

主要就是依照在第三章設定的概念，思考與你有相同處境的顧客都會遇到哪些困擾，或是買了哪些衣服能讓每天過得更快樂這些事情。從這個角度選擇商品或是設計造型，就是所謂的「企劃」。

排定時程

在撰寫企劃的時候，有件事得先決定不可，那就是「拍攝時間」與「時間點」。建議大家在門市服務客人的時候，試著將「這件衣服好像適合這類顧客穿著」、「這種穿搭建議好像會紅」這類心得記下來，再於日後寫成在ＩＧ貼文的企劃。至於拍攝時間的部分，可試著計算單次試穿與拍攝需要耗費多少時間，進而算出七次總共需要多少時間，然後排定拍攝時程。看是要在每天上班前、午休時間還是下班的時候拍照，或是分成兩天拍攝，拍照與貼文這些事應該就不會成為每天的負擔。

在每天的午休時間拍攝，然後當天上傳，這方案雖然可行，但我覺得**一週預留一天或兩天的時間拍攝需要的照片，讓自己能在每天固定的時間按個按鍵就能上傳貼文，比較沒有負擔，也比較容易持之以恆**。

所以接下來就要為大家介紹「草稿」這項功能，讓大家也能每天上傳貼文。

方便好用的「草稿」功能

（1）在「個人檔案」畫面點選新增貼文的【＋】，再選擇【貼文】。
（2）選擇要上傳的照片，再點選右上角的【下一步】兩次。
（3）輸入照片的說明，再點選右上角的【確定】。
（4）此時不要按右上角的【分享】，而是連續點選左上角的【＜】兩次，然後點選【儲存草稿】，草稿就完成了。
（5）要貼文的時候，選擇【草稿】，再選擇照片，然後點選【下一步】以及右上角的【分享】即可。
（6）若想刪除草稿，可於（1）點選【管理】，接著點選【編輯】，然後選擇要刪除的照片，再點選【完成】與【捨棄貼文】。

請大家務必多多使用這項「草稿」功能。

如果很難在上班的時候拍照，建議大家早一點上班，利用上班之前的時間拍照，或是下班之後再拍，總之得想辦法騰出時間。

要想投資未來，就必須自己想辦法空出時間，也才能成為受顧客青睞的銷售人員。

POINT

可先多拍攝需要的照片，再於每天下班回家的時候上傳。

Chapter 3

目標是成為「想見一面的人」，而不是憧憬的人

18 「時尚網紅」與「銷售人員」的不同之處

接下來要為大家介紹的是在上一章提及的「時尚網紅ＩＧ經營術」，與銷售人員的ＩＧ經營術有何不同。

最明顯的差異莫過於「是否要積極增加追蹤者人數」。

也就是說，**兩者經營ＩＧ的目的不同，前者是以不特定大眾為目標族群，後者則是希望與來到門市的顧客建立關係**。

時尚網紅不像銷售人員，隸屬於某個特定的品牌，所以才會每天上傳造型照行銷自己，企圖吸引大量的粉絲。

他們的目的是建立個人品牌，創建線上沙龍這類社群，或是對自己的追蹤者宣傳商品。簡單來說，他們為了「從事副業或獨立創業」，每天都投入了大量時間經營ＩＧ。

反觀銷售人員想要的不是「觸及不特定大眾的影響力」，而是希望在顧客離開門市之後，依舊與對方保持聯繫。

這意味著，ＩＧ是讓身為銷售人員的你具有更多附加價值的工具，所以**不需要大量增加追蹤者，而是要打造一個讓更多顧客願意為了你而來到門市，讓你服務顧客的時間變得更有價值的環境**。

一如前述，時尚網紅的目的是為了從大批粉絲（不特定多數）之中，創造願意付費支持的「死忠粉絲」。

換言之，時尚網紅是希望從大批粉絲找到顧客，**但身為銷售人員的你則是從一開始，就與身為「潛在顧客」的「死忠粉絲」建立關係**。

這是在門市服務的銷售人員才擁有的特權。大家在感謝有門市可以服務顧客之餘，也要記得經營ＩＧ，讓這些「顧客」願意再次光臨，也讓你有機會再次服務他們。

請大家先試著實踐本書介紹的技巧，建立一個「屬於銷售人員的個人帳號」，等到累積一定的基礎，還想「透過ＩＧ遇見更多新顧客」或是想「提升自己在ＩＧ的影響力」，就可以試著利用第六章的方法進行下一步。

唯一要注意的是，千萬別忘記最初的目的，也就是透過貼文得到顧客的青睞，為自己的未來增加更多可塑性。經營ＩＧ的目的不在於「增加追蹤者」，而是成為「受到青睞的銷售人員」。

POINT

對你而言，所有追蹤者都是「潛在客戶」。

19 帳號的概念是由「你的風格」建立

讀到這裡，大家理出什麼心得了嗎？是不是大概知道接下來該做什麼了呢？從這節開始，要為大家介紹建立個人品牌的方法。

如果想讓ＩＧ使用者在看到你的帳號時，一眼就知道你是「這種風格的人」，就必須清楚地定義帳號的概念。換言之，**要如何從為數眾多、而且還是相同品牌的銷售人員帳號之中脫穎而出，突顯自己的特色或定位，就必須建立個人品牌，否則是無法得到顧客青睞的**。

這意味著，你要先釐清追蹤你的粉絲到底能從自己的頁面獲得哪些時尚資訊。

接著，就讓我們一起定義帳號的概念吧。

❶ **你的身高**

一百五十五公分以下較嬌小的身材／一百五十五～一百六十公分的標準身材／一百六十五公分以上的身材

第一步是客觀地看待身高，看看自己的身高落在平均值的哪個區間。

身高在一百五十五公分以下的顧客常有「褲長太長」、「外套太長」、「標準尺寸不合身」這類煩惱，身高在一百六十五公分以上的顧客也常有「袖子太短」、「肩膀的部分太窄」、「裙擺太短」的困擾。此時，你的身高對顧客而言，就是方便好用的度量衡參考。

❷ **你的體型（適合的衣服尺寸）**

五號、XS號偏瘦體型／七號、S號纖細體型／九號、M號標準體型／十一號、L號以上的豐滿體型可根據上述分類定義自己的體型。若與前面的身高搭配，就更有機會引起ＩＧ使用者的共鳴，進而找到「死忠粉絲」。

❸喜歡或討厭的身體特徵

喜歡的特徵（沒有也沒關係）：例如腰很細
討厭的特徵（越多越好）：例如腿很短

沒有自豪的身體特徵其實無妨，但是覺得自卑的部分則是多多益善，因為自卑的部分很有可能藏著許多對顧客有用的資訊。

❹較常穿哪個色系的衣服

大地色系／米白色系／黑白色系／粉色色系／鮮豔色系

❺常看哪些時尚雜誌（你都如何搭配自家品牌的衣服）

- mina 類（休閒、女攝影師風格）
- mer 類（休閒、復古風格）
- Liniere 類（極簡、北歐風格）
- with 類（漂亮、粉色風格）
- GINZA 類（時尚、設計師風格）
- FUDGE 類（傳統、設計師風格）
- VOGUE 類（流行、奢華風格）

我試著將前述的時尚分類以具指標性的時尚雜誌來代表，但大家可以進一步反思，自己的時尚風格屬於上述的哪種分類。

雜誌是以「年齡層×品味」來區分市場，但大家不一定要以自己的年齡為基準，客觀地審視自己的風格接近何種時尚風格即可。

ＩＧ常見的網紅都不是上述的風格，而是本書前面介紹過的「UNIQLO、GU、

ZARA」這類「快時尚風格」，或是利用價錢稍高、但很耐看的「LOEWE、CELINE、JIL SANDER、Maison Margiela」等精品配件與簡單的衣服搭配的「極簡、設計師風格」。

這種在ＩＧ流行的時尚風格已是紅海市場，所以不如根據前述❶～❺，釐清自己的風格，才不會被上述的網紅風格淹沒。**你該提供的不是自家品牌的穿搭風格，而是該提供你是如何利用自家品牌的衣服搭配出自己的風格，或是掩飾身材缺點的造型，才能提供實用性十足的資訊。**

身材的缺點才是最有用的資訊

當你釐清自己的時尚風格，就能吸引喜歡相同風格的同好，**也就能與同好一起解決身材的缺點，這也是最需要投注心力解決的問題。**比方說，即使你只寫了「腿太短」這個缺點，但其實有這個缺點的顧客可能也有「肩膀太窄」、「看起來太嬌小」、「太矮」以及其他的煩惱，這時候你就能設身處地為這些顧客發聲！

擁有完美身材的顧客，不管穿什麼都很好看，所以他們在瀏覽ＩＧ的時候，只會看看整體的造型；但身材有些小缺陷的顧客，則會將重點放在「穿上這件衣服之後，能否修飾身材上的缺陷」這件事，因此我們要提早透過ＩＧ告訴顧客這些資訊。

如果能透過ＩＧ幫助擁有相同煩惱的顧客找到「最能修飾身材的衣服」，一定可以找到認同你的顧客。

之後顧客就會委請你幫忙搭配衣服，進而成為你的「潛在顧客」。

在個人檔案一五一十地說明自己的身高、時尚品味以及其他資訊，讓顧客一看就知道你是怎麼樣的人吧。

不過要注意的是，別只是寫出身材的缺陷，而是要站在顧客的立場，寫成「**身高一百五十二公分，擅長的是掩飾身材嬌小的休閒造型**」，才能讓顧客在瀏覽的時候產生「追蹤這個人，或許可以學到一些實用穿搭技巧」的想法。

有機會的話，請大家依照左頁的表格，具體寫下前述提及的內容。

釐清「個人風格」的表格

Q1 就客觀來看，你的身高與體型屬於哪一類？

（例）身高只有一百五十公分、九號M號的標準體型。

Q2 從上述的身高與體型來看，有沒有身材上的缺陷？

（例）想穿得又酷又帥，但是個子太矮，怎麼穿都不對。

Q3 平常穿的衣服都是哪種色系與風格？

（例）喜歡黑白雙色的衣服，常挑 GINZA 這種流行服飾。

Q4 請試著根據Q1～Q3的答案撰寫個人檔案！

（例）我喜歡極簡、雙色調的造型。身高一百五十公分。每天更新流行時尚造型資訊★

由於ＩＧ的個人檔案最多只能輸入一百五十個字，所以內容一定要寫得讓人一眼就讀懂。

如果你的ＩＧ都是介紹米白色的穿搭，顧客只要一看動態消息就會知道你的風格，所以與其在個人檔案說明自己喜歡的色調，還不如載明身高或是「與同樣喜歡米白色穿搭的人的不同之處」，顧客才有理由追蹤你。

讓我們想想「自家品牌的強項」與「你的長處」吧。

另一個重點是透過貼文介紹修飾身材缺陷的方法。就算你的個子不高，只要有尺寸恰到好處的褲子到貨，就能在ＩＧ告訴大家「**我買褲子通常都要改，但這次進了尺寸非常適合個子矮的人穿的褲子，在此推薦給大家！**」一邊說出自己的煩惱，一邊用力宣傳「體型跟我一樣的人，一定要買來穿」！

POINT

「個人風格」不等於「自家品牌的風格」。

20 遇見新顧客的「四種主題標籤」

寫好個人檔案與釐清帳號的風格之後，接著就是要撰寫貼文，此時要思考的事情是，**該使用哪些關鍵字讓顧客找到貼文（導入流量），才有機會將資訊傳遞給非門市顧客的新客群（IG使用者）**。

這時候的最大利器莫過於使用標籤了。這次嚴選了四個銷售人員絕對該使用的標籤，接著就為大家一一介紹。

❶輸入自家品牌的標籤

「自家品牌」的標籤。

或許大家會覺得「這不是理所當然的嗎？」**但大家都有把自家品牌的「英文版」**、

「片假名版」的名稱當成標籤輸入嗎？如果品牌的名稱太長，或是在社會大眾另以暱稱稱呼的品牌上班，就得連同該暱稱一併輸入。

之所以要輸入「英語、片假名、暱稱、混合名稱（日語與英語夾雜）」這些標籤，是因為最有機會找到你的關鍵字就是「品牌名稱」。

例如「＃米白色穿搭」（＃ベージュコーデ）這個標籤就太抽象，太多人使用，不只要與其他品牌的銷售人員競爭，還得與時尚網紅搶市場，所以盡可能使用「品牌名稱」當標籤，以便顧客能直接找到你。

❷加上建築物標籤

假設是在百貨公司或購物中心的門市上班，記得將百貨公司或購物中心的名稱當作標籤輸入。

其實許多人都有百貨公司或購物中心的會員卡或聯名卡，代表喜歡在這些地點消費，更勝於對品牌的喜愛，而這些人也很可能會在購物之前，先利用標籤搜尋這些商場。

會搜尋這些建築物與品牌的人，很有可能會成為你的顧客。如果能讓喜歡這類商場的顧客知道你的存在，之後就很有機會與這些顧客接觸。

❸加入服務地區的標籤

接著要加入的是「服務區域」的標籤。

假設你是在表參道上班的員工，可在表參道的門市、咖啡廳拍攝造型照，再輸入與這個區域有關的關鍵字或是門市與咖啡廳的標籤。

之所以要輸入這些標籤，是因為有些人會在想去這些地區的咖啡廳的時候，利用「#表參道午餐」（#表参道ランチ）或「#表參道咖啡廳」（#表参道カフェ）這類門市名稱搜尋，如此一來，這些人就有可能看到你的貼文，進而來到你的個人檔案頁面。

「版主居然是這個品牌的員工啊！貼文裡面的造型很值得參考耶，乾脆喝完咖啡之後，去他的門市逛逛好了」，說不定能增加這類曝光度，讓更多顧客來到門市。

銷售人員在放假日穿上自家品牌的服飾，算是很常見的情況，但**與其捨近求遠，跑**

到很遠的地點拍照，還不如「在門市附近的車站或是街道」拍照。

或許有人會覺得「不想連放假都在門市或上班路線附近閒晃」，但門市附近有可能是某些潛在客戶常逛的區域。

對你來說，往返於門市與自家雖是再平常不過的生活，但為了投資未來，不妨親自前往顧客可能會喜歡的地方，試著在裝潢看起來很時尚或是最近爆紅的店家拍拍造型照，一定有機會因此遇見新顧客。

❹像是替顧客列出願望清單般，輸入換購商品的標籤

待在家裡的時間一長，會想整理一下個人物品對吧？許多顧客會在這種時期換購一些個人物品，這也是人之常情，所以這時候當然也要利用標籤吸引顧客。

舉例來說，當你將一些經典服飾放上ＩＧ時，要記得放上「#高領針織衫」（#タートルニット）「#風衣」（#トレンチコート）「#白色T恤」（#白いTシャツ）「#丹寧布料的褲子」（#デニムパンツ）這類關鍵字與標籤。

在思考企劃的時候，不妨與同事一起想想「這個時期的顧客會想買哪些衣服」，此

時有可能會想到「想買風衣的顧客應該會變多，下週上傳風衣的造型照好了」，也可以在工作空檔之餘，把自己當成顧客，一邊瀏覽ＩＧ，一邊思考「接下來想買什麼」，然後看看排在前幾名的貼文都如何呈現這些商品。

只要以「導入流量」的角度設計標籤，之後就會知道「貼文該寫些什麼內容」。

如果你之前都不知道該怎麼決定貼文的內容，不妨試著使用前面❶～❹的建議來撰寫貼文，讓自己有機會接觸潛在客戶。

POINT

不要跟「時尚網紅」同場較技。

21 利用「貼文」傳達訓練許久的話術

到目前為止已經寫好個人檔案，也拍好貼文要用的照片，但是不是有件重要的事情還沒完成？沒錯，貼文的內容還沒寫好。ＩＧ是分享照片的社群網站，所以有些人可能覺得「貼文內容沒有那麼重要」，但其實貼文內容遠比想像中來得重要。

要建立有別於時尚網紅的市場區隔，最實用的武器就是貼文內容，既然每天都在門市服務客人，那當然要把接待客人的話術透過貼文內容發揮得淋漓盡致。

撰寫貼文時，第一步要問自己「是不是揭露了所有該揭露的資訊」，**其實業績很好的銷售人員也都會像這樣事先解決顧客可能會問的問題**。

當顧客在門市裡面逛的時候，可觀察顧客摸了哪些商品，腳步在哪項商品前面變慢，或是看看顧客說話的表情，以及身上的打扮與體型，或許就能在服務客人的時候，預想「客人可能對這部分有疑問」，找出客人無法做決定的關鍵。

不過，ＩＧ無法針對特定族群的客人宣傳，所以我們必須預設「顧客可能會問這個部分，若不提供相對應的資訊，顧客應該不會知道答案吧」，讓位於螢幕另一端的顧客得到想知道的資訊。

完整資訊必須一起附上

我在撰寫貼文的時候，最在意的一點就是「別讓追蹤者在 Google 搜尋兩次」，主要是因為當我自己是顧客的時候，也很討厭自己搜尋答案。

我是在二〇一七年的夏天開始經營ＩＧ。當時以戶外休閒活動為主的ＩＧ經營者，很少人會把景點或咖啡廳的相關資訊寫清楚，所以我常常得根據他們的貼文內容搜尋這些店家的位置，還得查詢營業時間與公休日。我很想解決這種不另外搜尋就無法得到完整資訊的問題，所以當我撰寫貼文的時候，自然而然會先查好相關的資訊再整理成貼文內容。

沒想到互動率（使用者對貼文的反應率）急速提升，收藏數也不斷增加。明明是幾年前的貼文，現在還留在個人頁面的貼文也一直有人瀏覽，所以也都能接觸到新的ＩＧ使用者。

只要效法銷售人員的方法，多花一點時間撰寫貼文，揭露必要的資訊，就有可能解決某個人的煩惱，或是縮短搜尋的時間，而這樣的貼文也可能會一直有人瀏覽與參考。

服飾品牌的確認事項

假設介紹的是服飾品牌，那麼要告訴大家「事先揭露資訊」的重點是什麼，那就是**提供「商品的基本資料」以及「宛如親身體驗的資訊」。不管是在門市接待客人還是經營ＩＧ，這都是為了賣出商品而需提供的內容。**

❶「商品的基本資料」例如金額、顏色種類、尺寸種類、材質

> 日幣三萬四千元（含稅）／白色、黑色、粉紅色／S、M／百分之百羊毛
>
> 針織衫很重視穿在身上的感覺，而這件針織衫的材質很滑，直接穿在身上也不會覺得刺刺的，而且可在家自己手洗，不用擔心要不要送洗這點也很棒！

撰寫貼文的時候，一定要把「金額、顏色種類、尺寸種類、材質」這些資料寫清楚，也要提到「穿在身上的感覺」以及「之後照顧衣服的方法」，因為很多顧客都在意這些事情，這麼一來，顧客也會更相信你這位銷售人員。

這次示範的是材質比較柔滑的針織衫，但如果實際穿在身上之後，讓人覺得很粗糙或很硬挺，有可能會被客訴，顧客也可能不再信任你，所以若很想介紹「設計感不錯，但穿起來有點硬」的針織衫，就要以另一個切入點來介紹商品的優點。

這件針織衫雖然不大建議喜歡直接穿的客人購買，但如果裡面另外穿一件發熱衣就沒什麼問題。如果您也對這件衣服的設計一見鍾情，那麼一定要穿穿看！

❷宛如親身體驗的資訊分享

（1）各種身高的理想尺寸

這次穿的是S號。身高一百五十五公分，標準體型的我通常都穿M號，但這件針織衫比較有彈性，也比較寬鬆，所以我這次選擇S號。如果您平常也喜歡穿得比較寬鬆，建議選擇一般的尺寸，如果喜歡穿得合身一點，則可以買小一號的尺寸。

身高一百五十五公分的我穿這件連身裙的話，長度大概會蓋到膝蓋，所以您的身高若超過一百六十公分，就可以小露一下膝蓋喲。

前者的例子清楚介紹了適合的尺寸，後者的連身裙介紹則適合不知道穿起來多長或是不知道褲襠多長的顧客閱讀。建議大家在撰寫貼文的時候，**可利用「穿在我身上的話，大概是這樣的大小」這種「代客試穿」的角度撰寫，這麼一來，就算顧客的體型跟你不一樣，也能參考你的貼文。**

(2) 各種顏色的搭配方式

經典的黑白兩色固然是必買的百搭款，但如果是常穿米白色褲子的人，則建議購買色調淡雅的粉紅色款。

有些顧客會「想知道該買什麼顏色」、「想知道銷售人員推薦的顏色」，這時候你可以試著穿上各種顏色的衣服，讓顧客看看這款衣服該如何搭配，**也可以讓顧客知道，你比較推薦哪種顏色，或是你覺得什麼人適合什麼顏色。**

（3）各種配件的搭配

愛穿牛仔服飾的人搭一件立領的長版襯衫之後，會讓人更覺得「你很懂時尚」。常穿 A Line 的長裙或是寬版長褲的人則不建議多層次穿搭，而是該試著將襯衫紮進去，穿出俐落感。由於搭配的針織衫沒那麼厚，所以能與各種褲子搭出百變的造型，算是百搭款的針織衫。

有些顧客會想知道「自己手邊的配件與我們介紹的衣服搭不搭」，而這篇貼文除了讓顧客知道這件針織衫適合多層次穿搭，還告訴顧客可以搭配丹寧布，穿出時尚感。**同時也讓顧客知道這件針織衫能與突顯下半身的 A Line 長裙或寬版長褲搭出俐落感**。透過貼文也能讓顧客知道這件「針織衫有多麼百搭」。

到目前為止的貼文都是在介紹某件「虛構的針織衫」，但大家應該不難想像這件針織衫的樣子吧。

貼文是身為銷售人員的你發揮個人創意的地方。如果能透過文字補充需要的資訊，就等於在門市服務顧客。建議大家試著使用平常跟顧客說話的方式撰寫貼文。

POINT

重點在於多提供一些沒試穿過就無法得知的資訊。

22 讓「追求品牌的客戶」成為「你的客戶」

大家可知道顧客分成「新客戶」與「老客戶」？這裡說的新客戶與老客戶不是品牌的客戶，而是你的客戶。

比方說，你在門市顧店的時候，突然有位顧客走了進來，閒聊幾句之後，跟你說「我很喜歡這個牌子，我常常買」，**此時他是這個品牌的老客戶，卻是你第一次服務的新客戶。能否如此分類客戶，也是今後很重要的觀察角度**。

在這個例子裡的顧客若原本就是這個品牌的忠實顧客，那對你來說，絕對是個大好機會，你可以一邊觀察顧客，一邊了解他對這個品牌的需求。

比方說，可試著了解顧客是喜歡這個品牌的極簡風格，還是充滿設計感的風格？喜歡的配件是褲子，還是喜歡合身的感覺？**如果能察覺這些細節再向顧客提出建議，對方**

一定會希望之後都由你服務。

假設之後顧客喜歡的銷售人員不在，可試著跟對方說**「我常在ＩＧ介紹這些商品，我覺得有些可能符合您的風格，方便的話，可以加我的ＩＧ」，試著邀請他追蹤你的**ＩＧ。

至於對方是否願意追蹤你的ＩＧ，全看你的個人檔案寫得如何。記得常常更新以及用心拍照，才能讓對方覺得「這個ＩＧ沒問題，可以追蹤」喲。

POINT

每個人喜歡某個品牌的理由或是對品牌的需求都是不同的。

23 邀請對方追蹤IG的最佳時機

如果經營商業帳號或個人帳號已經一段時間了，該在何時邀請顧客追蹤ＩＧ呢？我看到許多店家都在櫃台擺放「ＩＧ帳號」的小牌子，但只是放這種小牌子是沒什麼用的，也不要再辦什麼「追蹤ＩＧ帳號，現抵百分之五」的活動，因為當貼文的內容無法幫到顧客，而顧客也只是為了折扣才追蹤的話，恐怕得不到想要的結果，這種追蹤也毫無意義可言。

要想與顧客建立長長久久的關係，就必須以「想與對方建立聯繫」的心態邀請對方追蹤ＩＧ。不過，身為銷售人員的你若不直接讓顧客看到ＩＧ的畫面，永遠也無法與顧客建立關係。

換言之，要在服務顧客的時候告訴顧客「自己也有經營ＩＧ」，並且邀請對方追蹤。

最佳的邀請時機就是當顧客決定購買而走到櫃台結帳的時候。你可以一邊替顧客結帳，一邊問問對方「平常有在玩ＩＧ嗎？」

假設顧客回答「我有在玩ＩＧ」，可試著問問對方追蹤了哪些人或是哪些時尚品牌，利用一些「ＩＧ的相關話題」開啟話匣子，再一邊讓對方看自己的ＩＧ個人檔案，一邊告訴對方「我最近也開始經營ＩＧ，打算每天在上面介紹一些我很想推薦的商品，方便的話，可以追蹤看看！」

向顧客介紹ＩＧ帳號的時機是結帳完準備送客的時候。一邊陪著顧客慢慢走出店門，一邊讓對方看看自己的手機畫面，應該是最自然的邀請方式。

建議大家儘量不要在櫃台的時候就給對方看手機以及邀請對方追蹤，因為站在櫃台裡面的你，很像是在跟顧客推銷商品。

邀請對方追蹤的重點在於不要像是店家在推薦帳號，而是要讓對方覺得「因為你是

顧客，所以也想透過個人帳號與你聯絡感情」。

總之就是盡可能在結帳的時候，利用ＩＧ開啟話題與詢問顧客的資訊。記得在商品包裝完畢，準備跟顧客說再見的時候，試著跟顧客說「其實我也有個人的ＩＧ帳號」，邀請對方追蹤你的ＩＧ。

雖然這時候會感覺到問陌生人聯絡方式的緊張感，但還是希望大家之後能每次都問，多問幾次就會慢慢習慣了。

POINT

成功的祕訣在於「準備說再見」的時候邀請對方追蹤。

24 將待客之道與「感謝私訊」視為相同的工具

假設顧客當場就追蹤你的ＩＧ，應該在收到追蹤通知的同時，向顧客確認「這個帳號是您的嗎？」再於當天午休或下班的時候，透過ＩＧ傳送「感謝私訊」。**對顧客來說，ＩＧ是個人帳號，所以你不需要反過來追蹤顧客的帳號。**

> 您好，我是今天在○○（品牌名稱）服務您的艸谷，您今天買的粉紅色針織衫與米白色裙子真的非常適合您，也很期待看到您穿上這套衣服★如果您有任何造型方面的問題，請隨時聯絡我，我會竭誠為您服務。希望您週末前往橫濱的小旅行能一切順利。順帶一提，我推薦的橫濱景點是○○喲！

私訊的重點如下。

- 一開始先寫出自己的名字，讓顧客記住你。
- 寫出顧客購買的品項，方便對方下次來到門市時，記得自己買了什麼。
- 假設在門市服務客人的時候，顧客有提到一些私事的話，可稍微在私訊重提一遍。

如果只是感謝對方來店消費，會讓人有種「業務嘴」的感覺，所以可稍微提一點私生活的事情，一口氣拉近與顧客之間的距離。

如果顧客願意回覆訊息的話，那當然會非常開心，但沒回訊息也不要太在意！持之以恆地透過這套流程與顧客建立關係，這個態度才是重點，只要持續做下去，為了你來到門市的顧客一定會越來越多。

POINT

在私訊中記載「品項」的名稱，方便顧客再次來門市的時候回顧。

25 利用「摯友」名單理出顧客名單

接著要介紹的是，在顧客追蹤你之後，與顧客拉近距離的方法。你曾經看過ＩＧ的限時動態變成綠色框嗎？應該有不少人「看過好朋友的限時動態框變成綠色」對吧？這其實是對摯友傳送私人內容所使用的工具，而這項工具也能在個人帳號使用。

簡單來說，可以只將會實際見面的顧客新增至「摯友名單」。不管對方是否追蹤你，都可以將對方加進摯友名單，所以當顧客在門市追蹤你，你也傳送了感謝私訊後，就盡快將對方加進摯友名單吧。

以下是在摯友名單新增摯友的方法。

（1）在「個人檔案」點選【選項（三條線符號）】的按鈕。

（2）點選【摯友】，再點選想新增至摯友名單的帳號，然後點選【完成】。

（3）如果在這裡沒找到對方的帳號，可直接利用用戶名稱搜尋與新增。

這項工具可在發送預售會通知或新品進貨這類特殊訊息的時候使用，例如可以傳個訊息告訴對方「這個訊息一定要讓您知道」。私訊是一對一互動的工具，但限時動態卻能向名單之內的所有顧客傳送訊息，所以能減輕你的負擔，後續也只需要應對有回傳訊息的顧客，建議大家自行摸索這項工具的應用方式。

將顧客新增至「摯友名單」可整理出追蹤或未追蹤你的顧客名單，所以這是銷售人員一定要使用的功能。

POINT

「感謝私訊」與「摯友名單」可搭配使用。

26 透過「企劃」與顧客建立關係的方法

接著為大家介紹製作「ＩＧ企劃」的方法，這裡說的企劃主要是指「造型建議的切入點」。

比方說，梅雨季初期的六月、促銷結束的二月、八月都是來客數銳減的淡季，大部分的銷售人員也都會想盡辦法拉抬業績。

其實這時候能在店裡做的事情非常有限。

回想我擔任店長的時候，曾設計了一些ＶＭＤ（調整內部裝潢或商品的配置方式）以及提升顧客平均購買件數的策略，也曾進行實戰演練，強化員工的服務能力，還利用工作的空檔或下班之後的時間，試著接觸「曾來門市消費的顧客」，但還是無法如願提升來客數。

接著讓我們想想能在連日大雨的時期，透過ＩＧ採取什麼措施吧。第一步讓我們想像一下顧客在下雨天的心情吧。

貼文內容是否能呼應顧客的內心呢？

「不想在下雨天穿心愛的鞋子，因為會弄髒」、「溼氣很重，不想穿很難曬乾的衣服」，這些限制都讓顧客沒辦法穿上喜歡的服飾，雨天也很容易讓人陷入憂鬱，這時候更想「穿上喜歡的衣服換個心情」。

這時候如果手邊有「雨天也能穿的時尚運動鞋」、「用力洗也不會壞，看起來又很高級的配件」、「能一掃憂鬱的色彩繽紛上衣」這些服飾，是不是會變得更開心呢？大家不妨想像一下這些顧客有可能會開心的企劃。

如果能寫出這些讓顧客開心的企劃，不僅可以為顧客解憂，也能取悅顧客。

製作「貼近顧客內心」的企劃

1 將重點放在現在與今後的狀況

梅雨季

季節交替的時期

促銷期

2 想像顧客在這種情況下需要什麼

3 這些就能成為貼文的「企劃」！

雨天也能穿的時尚運動鞋

與經典的丹寧服飾搭配就很潮的上衣新品

如果是冬季促銷，可介紹穿到春天也合適的穿搭。

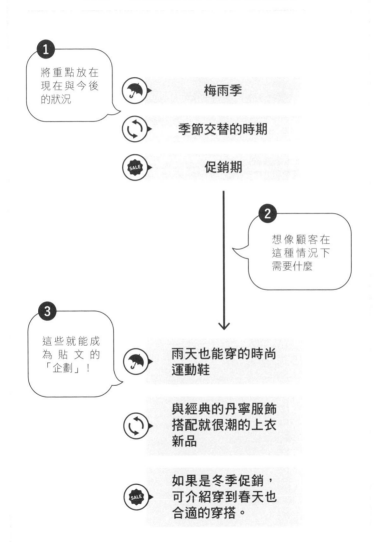

此外，也可以貼出「員工在雨天通勤的實際穿搭」，讓顧客得到「宛如親身體驗的資訊」。

將ＩＧ的企劃從「增加雨天的來客數」轉換成「舒適度過雨天」的主題，顧客可能會覺得「若有機會，一定要再去見見那位銷售人員」，如此一來，就能增加讓顧客再次光臨門市的機會。站在顧客的心情上傳貼文，是獲得顧客青睞的關鍵。

發布特別企劃的時間點

這類貼近顧客內心的企劃，適合在季節交替的時候發布。

因為許多顧客會在這個時候覺得「似乎該添購一些新衣」，所以趁機提出「一件上衣就能與丹寧服飾搭出時髦感的上衣特輯」，或是在進了一堆流行色的商品時提出「利用當季流行色設計的穿搭造型」等企劃，顧客就能在購物的時候參考這些企劃的貼文。

有不少人會提早購買初春的輕便外出服或是冬天的外套，卻很少在單一季節採買很

多件衣服，所以一進貨就要立刻透過ＩＧ報告。

此外，一月與七月的重點當然是促銷活動。在促銷活動開始之前的幾天就鎖定顧客，不斷地透過貼文介紹降價商品，或是提出「穿到春天也適合的造型」，等到促銷活動正式展開，再於ＩＧ介紹在門市推出的造型。

此外，應該有不少人在促銷活動買過不需要的商品對吧？這時候身為銷售人員的你可推出「避免在促銷活動買錯商品」的企劃，顧客一定會因此受惠。

不要因為便宜就隨便推薦，因為顧客真正的需求在於趁著促銷買到需要又划算的商品，**如果能在推薦促銷商品時說明「為什麼這項商品值得推薦」，這篇貼文就能貼近顧客的內心。**

「想快點賣出商品！」、「希望顧客趕快光臨門市」都只是單方面的訴求，只有不斷提出「貼近顧客內心的企劃」，持續進行這些看似與業績無關的事情，才能讓顧客願意光顧門市，或是對網路商店的業績有所貢獻，你也才能與顧客建立關係。

將ＩＧ視為「建立互信關係的平台」，才是正確的作法。

如果你是顧客，也一定會認同這個作法。

在你找不到想要的衣服時，一邊是一直用話術推銷與騷擾的銷售人員，一邊是「推薦適合的穿搭方式，哪怕自家品牌沒有這類商品」的銷售人員，你會想跟哪位銷售人員購買衣服呢？當然是親切的後者對吧？站在「如果是顧客的話，會怎麼做」的角度思考以及每天更新自己的ＩＧ，就有機會在下雨天的時候，增加門市的來客數。

POINT

能站在「消費者立場」思考的銷售人員很厲害！

Chapter 4

你的待客之道 將是你的貼文風格

27 推薦商品也能讓顧客開心接受的方法

本章的內容將摻雜一些我擔任銷售人員的經驗。

直到五年前，我都還是服飾銷售人員，也曾在當時的公司拿下業績第一名的榮譽。當時的服務技巧全是源自對商品與顧客的研究，而該如何在ＩＧ應用這些經驗，將會在各節的尾聲統一介紹。

如果能從「如何在ＩＧ活用待客技巧」的觀點閱讀本章，應該會對前幾章所介紹的ＩＧ發文技巧產生更多領會。

入行契機是門市的「空間」

印象中第一次接待客人是在大學一年級的冬天。讓我萌生「好想在這裡工作！」這個想法，則是URBAN RESEARCH的門市。

我記得，那是被綠意環繞的一間店。除了店內空間非常寬闊之外，男性與女性服飾的賣場也各佔了一半的空間。懷著不安的心情走進這間店的那天，我發現試衣間的門上貼了張徵才海報，便迫不及待地向店裡的人報名。雖然我只是因為愛上這裡的空間才應徵，但幸運的是，我因此成為夢想中的服飾銷售人員。

第一天上班時，我完全不知道該怎麼接待客人，所以**當時的銷售人員建議我「先學著說出每項商品的三個優點就好」**。

我原以為這裡的工作與餐廳打工一樣，會有所謂的待客手冊，沒想到這裡不僅沒有這種手冊，也沒有任何員工訓練，所以我只好先找出店內各種商品的三個優點。

「這件衣服的袖子比較寬鬆，擔心自己上臂鬆垮的人也很適合穿」、「仔細一看就會發現，這件衣服不是灰色，而是深藍色，所以不大會跟別人撞衫，看起來也很雍容華貴」、「這種素材的好處在於坐再久，也不大會起皺褶，所以很適合重複穿」，我便像這樣觀察每件商品，從中找出剪裁、顏色或機能方面的優點。

由於這間店平日的客人不多，所以我總是一邊打掃店裡，一邊看著架上的商品，思考這些商品的優點，而且每週二都會有大量的商品到貨，檢查這些商品也是主要的業務。每當我把這些商品拿出來的時候，我都會順便思考這些商品的優點，我也不禁覺得能這樣觀察商品是件很幸運的事，所以更是渴望接觸商品。

工作空檔的時候，我會盡可能試穿這些衣服，實際確認這些衣服的剪裁與質感。其實，褲子帶有很多不試穿就不會知道的優點，所以就算只有S與M號的褲子，我也會一一試穿，有時候會從中得到「這件商品是較寬鬆的S號」這類小心得。

掌握商品賣點之後的變化

或許是因為這樣的練習讓我累積了一些心得，也開始懂得介紹「這件商品好在哪裡」，當我看到有客人在某件衣服前面停下腳步，我也能立刻為客人說明那些不試穿就無從得知的優點。

如果只是對客人說「這件衣服很可愛喲」或是「這是昨天才到貨的新品」，是很難打動顧客的內心的，因為這些不過是千篇一律的話術而已。

我通常會先觀察對方的體型，想像對方的生活，再跟對方說：

「如果是上臂附近比較貼身的設計，往往會想在上面再套一件，但通常很難這麼穿，反觀這件上衣的袖子比較有立體感，所以穿一件就夠了。」

「如果坐在椅子上太久，站起來的時候，裙子通常會變得皺皺的，但這件裙子坐再久也不會出現皺褶喲！」

當我把這些商品的優點代入顧客的生活，顧客通常會專心聽我說完，也願意跟我多說一點。

自從我學會這項技巧之後，「顧客決定購買」的機率便明顯提升，我也更相信自己能與顧客邊交談，邊賣出商品。

當我能賣出「顧客觀察了一會兒的商品」之後，我便想進一步挑戰自己，也就是除了顧客有興趣的商品之外，順便推薦「我們想推薦的商品」，沒想到當我這麼做之後，好多客人都說「那我也要帶一件你推薦的商品」，好幾次我都看到結帳的櫃台堆滿了顧客預留的商品。

如果遇到客人買了十件以上的商品時，我都很擔心結帳出錯，但買了這麼多的顧客好像很滿足，所以我也很開心，也有「我總算學會怎麼接待客人了！」的喜悅，那真是很開心的一段日子。

觀察顧客的方法以及搭話的時間點

我從上述這些推薦商品的過程中發現一件事，那就是當顧客拿著一件衣服去試穿的時候，**我會順便多帶一件適合那件衣服的商品跟顧客說「我覺得這套造型真的很適合您，建議您一起搭搭看」**。

不過，這個技巧不能在顧客問你「能不能試穿」時才使用，必須在顧客想試穿之前，就先與顧客建立互信基礎。

盡早抓住顧客的心是這項技巧的重點，而這一切都得先仔細觀察顧客，所以必須找出搭話的最佳時機。

我在搭話的時候，非常注重第一次接觸與第二次接觸。

在顧客走進店裡的時候，我一定會面帶微笑並看著顧客的眼睛說「歡迎光臨」，也會在「顧客觀察商品」與「逛了店裡兩圈」的時候跟顧客搭話。**只有從顧客走進店裡的瞬間就開始觀察顧客的一舉一動，才有辦法推薦顧客感興趣的商品**。

像這樣帶著客人感興趣的商品在適當的時間點搭話之後，通常客人會又驚又喜地說「你怎麼知道我想買這件商品啊？」、「你真的很懂耶，我原本不想再買相同顏色的衣服了，但這件真的很棒耶！」此時若能繼續推薦「這是我們很推薦的商品」，顧客一定會開心地聽完。仔細觀察顧客，透過對話產生共鳴之後，不知不覺地邊聊邊走到櫃台前面……最終通常會是這樣的流程。

我從這樣的流程之中發現，只要比誰都認真觀察商品的優點、想像顧客的生活並提出貼心的建議，就能讓顧客開心與滿足。

或許有些人曾經因為「太用力促銷，覺得對顧客很不好意思」而後悔，但我的情況剛好相反。

大部分的顧客都是在「想買點東西，卻不知道該買什麼」的情況下走進店裡，所以讓顧客知道自己為什麼走進店裡，然後再根據自己對商品長期以來的了解，提供顧客最好的消費建議，就是讓顧客開心的祕訣。

CHECK

在 Instagram 上應用門市待客之道

● 將「待客的基本知識」換成貼文的內容

- □替貼文的商品找出三個以上的優點。
- □透過貼文的內容與照片說明商品的剪裁、顏色、機能與質感。
- □將試穿過才知道的資訊寫成貼文。
- □不要使用千篇一律的話術。
- □透過貼文將商品的優點代入生活場景之中。
- □不要只放單件商品的照片，而是要放上與其他商品搭配的照片。

28 來客數較少的時候，反而是絕佳的機會

在 URBAN RESEARCH 擔任約聘人員兩年半之後，我在大學四年級的夏天，當 GRAND FRONT 大阪完工之際，看到 SHIPS 正在召募銷售人員，便立刻應徵，也幸運地成為心中第一志願的梅田店員工。

之前任職的 URBAN RESEARCH 位於家庭客較多的場所，而新職場的梅田 SHIPS 則是位於時尚敏銳度較高的地區，這讓我有些擔心，害怕之前服務客人的方法不再管用。不過當我一如往常地在門市服務客人，業績照樣突飛猛進。

從第一天開始，正職員工就對我讚譽有加，甚至跟我說「就近聽到你給客人的建議時，我也覺得這建議真的是最佳選擇」，所以我也變得更有自信，知道自己的服務方式可適用於不同品牌或是地區。

不過，身為一介打工人員的我也知道，無論正職員工再怎麼讚賞我，也無法留下任何為自己加分的記錄，所以我決定大學畢業之後，進入服飾企業服務。

進入看重業績、考核標準明確的公司

大學畢業之後，我決定進入 STUDIOUS（現稱株式會社 TOKYO BASE），因為它是我在 Google 以「流行服飾、實力主義」搜尋之後，唯一符合條件的公司。

由於我曾在排資論輩的品牌打工過，所以才想進入不問年資，只問實力的公司上班，STUDIOUS 也是絕佳的工作環境。

STUDIOUS 的員工考核遠比想像中細膩，每天都會與所有員工分享業績，也有每週與每月的業績排行榜，甚至每個月都會舉辦表彰大會。不管是剛進入公司的菜鳥，還是從創業初期就待到現在的老鳥，都放在同一個天秤上考核，這樣的公司文化也深深地吸引了我。

由於公司鼓勵同一間門市的員工比賽業績，所以我比之前打工的時候更加兢兢業業，也時時提醒自己「非得拿出成果才行」。

我被分派的第一間分店是大丸心齋橋店，這裡平日比較不會有客人來逛，所以店裡事先排定了每位員工與客人打招呼的順序。之所以會排定順序，是考量到若為了爭取個人業績而放任每個員工搶著招呼客人，可能有些員工一整天下來都服務不到客人。

也因為有這樣的規定，當時我給自己的任務就是要利用不多的服務機會，一步步累積成果。

環境再嚴峻，一個想法也能締造成果

當我開始思考該怎麼在來客數不高的情況下，活用如此廣闊的店面時，我想到「只要好好面對每位客人，就能帶給客人有如 VIP 等級的服務」，而且店裡的設計師品牌（設計師一手包辦企劃、設計與生產的高單價品牌）也很多元，所以除了商品的稀有性之外，還有機會從客人口中聽到「我是第一次嘗試這麼時尚的造型」，讓客人愛上設計師品牌。

所以我在服務客人時，只介紹這間門市才有的設計師品牌，而不是相對容易購買的STUDIOUS。**我的目標是在來客數不高的情況下，花時間推薦高單價商品，藉此提升顧客平均消費金額**。

由於門市進了許多設計師品牌的服飾，我從中挑出「不會太有個性，但只要一件就能穿出時尚感的百搭款式」，作為自己的主打商品，一旦與客人聊開了，便順勢向客人介紹「這是我最推的商品」，一直賣到剩下最後一件為止。

當我挑出了比較容易推薦的主打商品，又不斷地介紹同一款商品，我的服務技巧也慢慢地在這過程中越來越純熟。

順帶一提，服務的話術與在URBAN RESEARCH的時候一樣。

不過，在STUDIOUS會遇到較多中高年齡層的顧客，所以我禁止自己使用「好可愛」這個形容詞。若是客人很適合我所挑選的主打商品，我會跟對方說「您穿起來真美」。假設客人對我推薦的主打商品不感興趣，我也覺得其他的商品比較合適的話，便會立刻告訴客人「比起這件衣服的剪裁，我覺得您更適合那件衣服！」試著推薦能引起客人興趣的商品。絕不推薦不適合客人的商品，是我從菜鳥時代以來的風格。

客人會接受這麼貴的價格嗎？

我徹底改變的部分只有一個，那就是對商品的了解。

在進入 STUDIOUS 之前，我都是以「方便搭配、百搭」為訴求，但是當我以設計師品牌為主打商品之後，就必須對這些品牌有更多的了解，才能賣出更多商品。以「我會不會花同樣的錢購買這件商品」為推銷高單價商品的準則之後，我建議的造型也顯得更有質感。

身為銷售人員的你認為值得花錢購買的商品，通常都是因為你知道那些商品的價值

所在，所以當客人為了價格而猶豫時，就能為他們解釋這類商品「定價較高的理由」。

若是顧客覺得太貴而不願花錢購買，那就是因為你自己還不大了解商品的優點。不論是不是設計師品牌，高單價商品通常出自下列兩種理由才如此昂貴：

第一種理由是商品本身的「品牌力」勝過材質優劣的品牌。

只要知道這類品牌的起源或稀有性，就能更有深度地介紹這個品牌，當你深入了解這些品牌之後，你不覺得你會更愛這個品牌嗎？不論是不是高單價的商品，**假設你之前都對商品沒什麼興趣，建議查一查品牌誕生的故事或是設計師的生涯**。

第二種理由是重視「材質與機能」更勝品牌形象的品牌。

設計簡單的襯衫或T恤、卻有點高單價的經典款商品幾乎都是如此，但要特別解釋的是，這些品牌的設計雖然簡單，但其實都經過縝密的計算，所以剪裁才會特別立體。不過跟顧客說這些，顧客通常不會有什麼感覺。

因此，與其強調這些細節，不如將重點放在材質與機能性，告訴顧客「這種材質的優點」，才能讓顧客信服。或許大家會覺得自己「根本就不懂材質」，這時候能派上用場的就是Google了。

沒辦法解釋設計師品牌「為什麼那麼貴」，全因對該品牌的認識不足。

只要了解貴的原因，買與不買就是顧客的事了。但身為銷售人員的你若遇到價格似乎不合理的商品時，記得要先調查，因為貴一定有貴的理由。

假設你能利用這些知識服務客人，顧客就更可能採納你的建議。**雖是老生常談，不過越是高單價的商品，就越不能以「得過且過」的心態服務客人**。

當我學會高單價商品的銷售方法之後，即使是在來客數不高的門市服務，我還是在進入公司的一個月之內，拿到了當週ＭＶＰ的榮耀。

CHECK

在 Instagram 上應用門市待客之道

●該如何利用貼文介紹高單價商品

- □對商品的稀有性、罕見的設計感興趣。
- □從高單價商品之中找到想推薦的主打商品。
- □思考自己願不願意以同樣的價格購買該商品。
- □如果覺得這件衣服有點貴，找出貴的理由。
- □透過貼文說明商品材質的優點。

29 重點在於劃分「該由我服務」的客群

調至 LUCUA 大阪店之後，新客人的比例雖然遠遠高於前一間門市，要服務的客人也變得更多，但我還是維持以高單價商品為主打的風格。在這種來客數較高的門市推薦高單價商品時，重點在於篩選客人。

若問如何篩選，那就是避開那些想買當季熱銷商品的客人，因為不管是由誰服務，客人大概都會買單，而且這類客人早已鎖定要買的商品，所以不管怎麼推薦其他商品或高單價商品，客人大概都聽不進去。

既然決定不服務無法提升業績的客人，那麼我的注意力又放在哪裡呢？答案當然是設計師品牌的櫃位。當我看到客人在這類陳列架前面停下腳步，我會覺得這位客人「對時尚比較敏感」。

接著是看了衣服上面的吊牌，也不會因為定價而大吃一驚的客人。**換言之，我從一開始就鎖定不會因為價格卻步，只以「適不適合自己」的標準挑選衣服的客人。**

假設看到對這類架上商品有興趣的客人，我會先跟對方問候一下，之後再一如慣例，拿來「想推薦的商品」，請客人去試衣間試試。

這時候我一定會跟客人說「您穿好之後的造型一定很美，請您務必走出來展現一下」。因為如果客人一直待在試衣間裡，客人就會只憑自己的喜惡決定是否購買，購買的機率只有百分之五十；如果客人願意走出試衣間的話，就很有機會購買該商品。

成為顧客專屬的造型師

在顧客走出試衣間之前，**一定要確認顧客脫下來的鞋子是幾號，然後根據這個尺寸拿來「最推薦的鞋子」，如果是冬天的話，則一定會請顧客披件可與試穿的衣服搭配的**

外套。

如此一來，本來只是看了幾眼設計師品牌的顧客，當他一回過神來，全身早已穿著最理想的造型。「這雙鞋子很好穿，也很可愛，今年也一直煩惱要不要買件外套，乾脆就在這裡買一買好了」，常有客人因為這樣而買齊全身的衣服。

基本上，我的服務風格是「減法」的概念。當顧客挑選了某件商品，我會替他設計讓該商品看起來最可愛的造型，讓顧客在全身的造型很完美的狀態下走出試衣間，接著問問客人的預算以及衣櫃的狀況，再一起斟酌該買下哪幾樣商品。

我一直以來都根據這個「潛力客篩選規則」，決定該向哪位客人打招呼，就算是在促銷期間，我也能確實拉高客單價。換言之，**就是找出能替他設計從頭到腳的造型，喜歡時尚之餘，面對單品超過日幣三萬元也不會猶豫的顧客**。

同間門市的同事常讚嘆地說「你好厲害喔，每次都能為顧客設計全身的造型」，但是在 UBRAN RESEARCH 服務的時候，我也是這麼做。

正因為設計師品牌的衣服都很有個性，客人也很難自行搭配，所以我腦袋存了很多「這件衣服要搭配那雙鞋子」這類組合。

雖然我是第一次遇到像 LUCUA 大阪店這麼忙的門市，卻也因此磨練出能快速想出對策的能力，而這些經驗也在現在的工作派上用場。

最終，我進入公司第三個月，就拿到男性與女性服飾的單月個人業績冠軍，也以當時最快、最年輕，大學畢業第一年的身分擔任店長。

能以銷售高單價設計師商品的風格，履履見證顧客親口對我說「我第一次穿得這麼時尚」的瞬間，是我這輩子難得的經驗。

在 Instagram 上應用門市待客之道

● 該如何透過貼文介紹穿搭與造型

□ 透過貼文介紹外套時，可試著搭配剪裁不同的褲子或是不同風格的內搭服，創造更多元豐富的造型。

□ 透過貼文說明全身造型的各項配件的特徵與優點。

□ 對於每一個品項都試著配出三種不同穿搭，並配成整套的全身造型。

30 想讓業績持續領先，需要哪些努力？

雖然進公司第三個月就奪得業績第一名的榮耀，但是要守住這份榮耀可不容易。

為了證明自己不是「一時僥倖的第一名」，我每天都要求自己要隨時維持在巔峰，這也對我造成了莫大的壓力。

現在回想起來，還是不大敢相信當初為什麼那麼執著，不過這或許是打從心底覺得「商品賣不出去，自己就失去價值」的心理在作祟吧。當時的我為了增加自信而希望做出成績，所以在奪得第一名之後，接踵而來的課題就是保持在巔峰的狀態。

不是只要把東西賣出去就好

當時的我發現，要讓業績維持在高峰，最重要的就是「庫存管理」，所以我總是會先確認「哪些商品還剩哪些顏色，這些顏色又剩幾件」，避免發生庫存不足的問題。當我發現大丸心齋橋店的貨色之所以非常齊全與充足，全是因為當時的店長幫忙調齊，**這次便輪到我擔起「一邊管理商品庫存，一邊維持來客數」的重責大任，這也是我必須背負的責任**。

比方說，「就從白色與藍色挑一件吧」，遇到這種選什麼都好的顧客時，我就會閃過「白色剩一件，藍色剩三件，所以推薦藍色吧」的念頭，一邊考慮庫存的狀況，一邊推薦最適當的商品。

當時的熱銷商品通常會先到 LUMINE 新宿店，而人在 LUCUA 大阪店的我也常為了庫存而煩惱，不過我很注意「門市不能少了熱銷商品」這點，除了一邊思考可以推薦的商品，也會調整商品的庫存量。

雖然 LUCUA 大阪店位於 LUCUA 最顯眼的櫃位，如果擺出來的商品缺乏一致性，或是只擺一些賣不完的商品，恐怕客人連走進門市都不願意，更遑論拿衣服去試衣間試穿了。

只要門市的產品線夠齊全，來客數就會增加，也有機會推薦高單價商品，所以我都會避免熱銷商品賣到斷貨，藉此維持業績。這些都是因為曾在庫存不多的情況下掙扎，才得以學會的經驗。

客觀檢視脖子以下的自己

另一項重點就是自我管理。所謂「自我管理」當然也包含保持身體狀況這一塊，但這次要說的是「服裝儀容」。

既然身為銷售人員，當然要讓顧客信任你的推薦，讓顧客對你說出「你推薦的絕對沒問題」。

換言之，銷售人員最該重視的不是與生俱來的長相，也不是辯才無礙的話術，而是面對客人時的「服裝儀容」。

其實當時的員工也充分印證了這點。如果員工自己不願意在衣服多花一點預算，通常沒辦法讓顧客買下設計師品牌這類高單價商品。

如果知道設計師品牌的優點，而且自己也經常購買的話，推薦給顧客的時候當然極具說服力。STUDIOUS是價格與風格很多元的服飾品牌，每天檢視「自己的打扮是否能站在所屬品牌的門市」，也是非常重要的事。

我很常購買門市裡的設計師品牌，所以有些對於時尚比較敏感的顧客一看到我身上的衣服，心情往往變得雀躍。

有些買了這些設計師品牌的顧客告訴我，都是他的朋友一直問「你身上的衣服好漂亮，在哪買的啊？」所以又忍不住回來門市「想請艸谷小姐幫我挑衣服」。

自己穿得漂亮，再向顧客推薦衣服。這雖然是銷售人員的本分，但只要記得這點，業績自然就會有所提升喲！

CHECK

在 Instagram 上應用門市待客之道

●如何讓顧客持續瀏覽貼文

□在貼文介紹「熱銷商品」與經典商品。
□透過ＩＧ介紹門市的哪些商品很受歡迎。
□在庫存快賣完的時候，透過貼文介紹門市還剩哪些顏色的商品。
□介紹自己在門市的穿著打扮。
□如果服裝、妝容、髮型與品牌的形象不符，要先整理好自己的服裝儀容。
□要向顧客推薦好衣服，自己也要穿著好衣服。

31 辭去銷售人員之後才發現的「ＩＧ價值」

由於我是為了拿到全公司第一名而進入這間公司，所以在我得到年度最優秀新人獎之後，便決定辭職，轉往 3.1Philip Lim 的直營店試試身手，從大學時代開始，持續了五年的銷售人員生活也就此畫下句點。

當時還沒開始經營ＩＧ的我在辭職之後發現，原來我只會服務客人。明明是因為身為銷售人員的實力獲得肯定才辭職，此時卻覺得自己前途黯淡無光，不知該如何延續職涯。

更何況我還不大懂電腦，最多只會使用 Excel 與 Word 而已，所以應該沒辦法成為上班族。**明明是為了找到自信而努力創造業績，卻因為「曾經身為銷售人員而陷入自卑」**。

之後的一年，找不到方向的我就這樣迷失在人海裡。結婚後，曾經從事牙科診所的櫃台人員以及電話促銷人員，但這些制式化的工作讓我覺得，不管再怎麼努力都得不到回報，我每天都在煩惱該繼續這些工作，還是該重操舊業，回到服飾業。正當我走投無路的時候，偶然看到「一般人也能讓經營ＩＧ成為正職」的電視節目，當下便領悟到「這就是我要的」，也立刻辭掉電話促銷的工作。

開始經營ＩＧ才擁有的力量

當時的我很想知道當只有一百五十個追蹤者的私人帳號成長為一萬人追蹤的帳號，會得到什麼樣的未來。投入一整年的時間專心經營ＩＧ之後便決定「創業」，然而創業原本是不在規劃之內的選項。

只懂服務客人的我在得到ＩＧ這件新武器之後，工作內容也意外變得更多元。我說的不是因為追蹤者變多而得到的業配，而是在正式經營ＩＧ之後，不知不覺學到的

「Instagram 力」，其中包含創業所需的**「企劃力」、「編輯力」與「分析力」，以及吸引顧客的「行銷力」**。

當時我覺得身為銷售人員的我若能一邊鑽研待客之道，一邊透過ＩＧ與許多顧客建立關係，說不定有機會在ＩＧ吸引新的顧客，這麼一來，一定能創造前所未有的業績。

再者，不斷在ＩＧ貼文也能增加對其他品牌的認識，眼界也不會再侷限於公司內部。**雖說經營ＩＧ是為了與顧客建立關係，我也因此擁有了全新的思維，也有了新的邂逅**。

當我開始在ＩＧ貼文之後，我才發現ＩＧ是一項「足以顛覆門市常識的利器」，為了不讓更多銷售人員跟我一樣有「要是能早點開始經營ＩＧ，我的世界說不定早就不一樣」的心情，所以才寫了這本書。

POINT

視野從小小的門市瞬間拓展至全世界。

Chapter

5

「與門市合作」的確可以增加粉絲

32「商業帳號」必備的四個元素

截至目前為止，為大家說明了個人帳號的重要性，也介紹了經營的步驟與階段，此時若能讓個人帳號與「商業帳號」連同，就能打造一間明星級銷售人員齊聚一堂的門市，透過團隊合作產生共生共榮的效果，所以接下來要為大家介紹經營商業帳號的祕訣。一開始要先為大家介紹經營商業帳號的四大重點。

❶用戶名稱必須使用官方名稱

在註冊ＩＧ帳號時，一定要先設定「用戶名稱」，但令人有點意外的是，許多門市都設定讓人看不大懂的用戶名稱。**用戶名稱之所以會讓人看不懂，主要在於英文句點、底線的位置有問題。**

大家應該都曾看過「@da_i_wa_shuppan」這種在單字之間插入底線，或是「@_daiwa.shuppan」這種開頭就是一堆底線，以及名稱中間突然出現英文句點的例子吧？

搜尋引擎難以找到這種名稱，請改成「@daiwashuppan」這種任誰一看就懂的正式名稱。此外，如果使用簡寫的名稱，那麼就算消費者想加標籤，也只會得到「搜尋不到＝無法加標籤」的結果，無法幫忙導入流量。假設門市的正式名稱已被其他帳號占用，可試著在正式名稱之後加上「official」或「store」。

❷光是完成帳號該有的設定，就能吸引新客人

其實就算沒有認真經營ＩＧ，也能「找到新客人」。第一步讓我們透過標籤搜尋自家品牌的名稱，看看有多少人上傳有關自家商品的貼文吧。

假設有人上傳相關的貼文，即可建立ＩＧ的帳號，並將品牌的官方名稱設定為用戶名稱，再上傳商品的宣傳照，以及撰寫個人簡介，然後在個人簡介貼上網路商店的連結，就有機會吸引新顧客。

如果發現有很多介紹自家商品的貼文，則可將該品牌貼文數最多的標籤當成「官

方標籤」，貼在個人簡介裡面。這麼一來，就算只是剛好瀏覽到官方帳號的使用者，也能讓他知道這個品牌很受歡迎，還能透過這個標籤與附帶這個標籤的貼文產生相關性。

❸說明門市位置、營業時間，與歡迎顧客私訊詢問

看到個人簡介並瀏覽商業帳號的貼文之後，「想去看看這間門市」，結果不知道這間門市何時營業的情況其實非常多，所以除了一般的櫃位之外，位於大馬路旁的門市更要清楚記載營業時間與公休日。

假設是不定時公休，也要在每個月的公休日確定之後，透過限時動態發布，也要特別註明「本月的公休日」。

此外，如果能在個人簡介的欄位註明「歡迎透過私訊詢問」，那些擔心私訊得不到回應、不好意思發問的顧客就能放心聯絡，而這些小互動也會讓顧客決定今後是不是要去這間門市逛逛。

❹每二十四小時至少發布一則限時動態

ＩＧ的使用者通常能**根據貼文的更新頻率**一眼看出ＩＧ帳號是否仍在經營，或是根本沒人管理，所以如果**貼文的內容只有圖片，就要記得每天發布一則限時動態**。

基本上，限時動態的內容可以介紹門市的環境，或是新品與推薦商品。此外，還有一種非常推薦的使用方法，那就是利用分享按鈕轉發分享消費者的照片，以及在貼文使用提及功能（將消費者當成標籤，標記在貼文裡）。除了撰寫員工的感想之外，發布限時動態之後，原先透過貼文上傳照片的消費者也會開心地收到通知。如果之後消費者還幫忙轉貼的話，商業帳號就能有更高的曝光度，所以若要經營商業帳號，非常推薦要這麼做。

（1）點選貼文底下的【分享按鈕】（飛機符號）。

（2）從分享清單之中點選【將貼文新增到你的限時動態】

（3）點選畫面上方從右側數來第二個【貼圖符號】，或是直接將畫面往上滑。

（4）點選【@提及】，輸入要分享貼文的對象（消費者）的用戶名稱，再選擇帳號。

（5）點選【Aa】符號，輸入感謝或訊息，再點選【完成】。

這是不打算花太多時間經營，也能與新顧客立刻建立關係的方法。其他還有一些個人帳號也能使用的小祕訣，大家不妨從可行的部分著手嘗試。

POINT

光是掌握上述四大重點，遇到新顧客的機率將顯著提升。

33 依照不同目的經營服飾品牌

接著，為大家獻上商業帳號經營心法應用篇。

若先從結論講起，**就是將每位員工在個人帳號的貼文濃縮成商業帳號的貼文**。

此外，服飾品牌的ＩＧ經營術大致可分成四大模式，所以接下來要為大家介紹這些模式的目的。

假設已經經營商業帳號一段時間，可比對看看自己的經營方式屬於這四大模式之中的哪一種。以下將為大家一一說明這四種模式。

● **PR型**　這是大型服飾品牌的帳號最常見的模式。

基本上會是活動、促銷資訊、訂製品的通知或新門市開幕等品牌新訊，貼文的內容沒有一致性，會讓人感到在發傳單的印象。

● LOOK型　設計師品牌的帳號常見的模式。

重視品牌的形象，常使用精品的宣傳照或外國模特兒的造型照，但沒有這些商品的資訊，只是用來塑造品牌形象與當季商品。

● EC型　像是網路商店般，排列商品的照片。

雖說將重點放在商品是無可厚非的，但在IG瀏覽時，會讓人產生被強迫推銷的感覺，也很難感受到品牌本身的世界觀。

● SNAP型　服飾的商業帳號常見的模式。

貼文的內容通常是銷售人員的快照或門市新商品的陳列照。雖然這種方式可讓顧客了解商品，但懂得將一篇貼文做成一個企劃的門市卻不多。大部分的照片都是門市環境、人體模特兒的造型照以及吊在衣架上的商品照。

大致上，經營ＩＧ的模式就屬上述這四種。

只要稍微瀏覽一下ＩＧ，應該會有不少人覺得「啊，真的耶」。這裡的重點不是要評斷哪種模式比較好或比較差，而是要進一步討論「創立帳號的目的」。

創立帳號的目的要非常明確嗎？

創立帳號的目的若是「告知品牌最新資訊」，ＰＲ型就是非常適合的經營模式，**要是已經有很多顧客追蹤商業帳號，那麼告知這些顧客最新資訊也是合情合理**。

可惜的是，這種經營模式比較難「透過ＩＧ爭取新顧客與知名度」，也很難與「品牌的粉絲建立溝通管道」，換言之，很難找到目標客群。

其次的ＬＯＯＫ型帳號則有兩種目的。

第一種是自家品牌已經具有奢華品牌的地位，企圖進一步宣傳品牌形象。由於已有一大群追隨品牌的粉絲，而且許多粉絲都是以「想知道品牌的創意」、「就是喜歡這個品牌」的觀點而追蹤帳號，所以就算貼文沒有進一步介紹商品的細節，顧客還是會想瀏覽。

第二種目的是「時尚感」較薄弱的品牌，可以透過ＩＧ介紹品牌的世界觀，讓消費者產生「原來這個品牌這麼厲害」的觀感。光是將模特兒穿著當季精品的照片放上ＩＧ，就有可能讓消費者覺得這個品牌很時尚。

這兩種方式都能有效塑造「時尚權威」的形象，但還是需要透過其他管道「賣出商品」以及「與顧客建立溝通」，所以ＬＯＯＫ型模式頂多只能用來塑造形象。

接著是ＥＣ型。可惜的是，這種類型的帳號很難經營成功。

若問我為什麼，**答案就是這種帳號很沉悶，沒有半點讓人覺得雀躍的地方。建議將照片調整成ＩＧ專用的格式**。如果只是將一堆單調的商品照片放上ＩＧ難以讓人持續追蹤，所以必須更貼近生活，吸引追蹤者瀏覽。

這時候該放的不是在攝影棚拍出來的照片，而是要像個人帳號般，持續放上一些具有「即時性、身歷其境」特色的照片，才能提升粉絲的黏著度。

最後的SNAP型則是以更新為目的的帳號，就我印象所及，這類帳號非常多。這種帳號雖然能讓粉絲感受門市的氣氛以及欣賞門市員工的造型，但以這種模式經營商業帳號的目的應該是「讓顧客願意光臨門市」對吧？**所以不能只是替剛進貨的商品拍攝陳設照，然後毫無章法地放上IG，而是要一邊想像平常光臨門市的顧客，再製作以這些顧客為對象的企劃**。

比方說，假設門市的客人以帶著小孩上門的主婦居多，那麼與其介紹適合專程外出穿搭的華服，還不如介紹「可輕鬆穿著，偶爾出門時，也很方便搭配」的商品或造型，肯定能作為這類客人的購物指南。

POINT

不要盲目跟風，而是要抓緊經營IG的目的。

34 致「希望顧客來門市」的你

接著，要為「希望顧客光臨門市」或「希望與顧客建立溝通管道」的人，介紹經營「溝通型商業帳號」的方式。

相較於前一節介紹的四大模式，這種「溝通型商業帳號」的經營方式，最明顯的不同之處在於貼文是為了顧客，而不是為了品牌，是站在讓顧客「想要去門市看看這件商品」或是「想參考這種造型」的立場，讓顧客享受時尚的觀點，同時根據門市的地點以及客群挑出值得介紹的商品，哪怕顧客不會立刻光臨門市也沒關係。

除了透過留言或私訊與顧客溝通之外，也可以透過上述的內容讓顧客知道你的想法。從門市的客群資料勾勒出主要客群的輪廓，再透過貼文提供主要客群想要的資訊。

想像顧客的樣貌

請大家試著想像一下，你服務的品牌在東京車站的丸之內大廈設立了門市，裡面的商品都走在時尚的尖端，顧客平均消費金額也在日幣三萬元左右。

假設客人都是看到高單價也不會縮手的粉領族，她們通常會在下班的時候，順便過來逛逛。此時**該做的不是千篇一律地介紹門市的各種商品，而是要針對「大眾化商品」提供這類顧客想知道的資訊**。

如此一來，商業帳號與品牌的官方帳號就有了明顯的區隔。官方帳號的目的在於塑造品牌形象，但商業帳號則進一步劃分市場，為顧客提供更生活化、更個人的資訊。

喜歡這類大眾化商品的顧客若覺得商業帳號的內容很實用，就一定會願意追蹤，而且也能縮短在門市猶豫是否購買商品的時間。

此外，該品牌的忠實顧客當然會因為「○○ 店的帳號總是介紹很多走在時尚尖端，適合粉領族的商品」而追蹤，其他的 ＩＧ 使用者也有可能因為「雖然沒買過該品牌的商品，但 ○○ 店的造型很符合我的品味」等理由而追蹤，之後當他們發現門市的特色之後，就有可能光臨門市。

建議大家在經營商業帳號時，先試著了解自家的客人，再透過介紹來推薦適合這些客人的商品。

POINT

溝通型經營模式可為顧客省去「來店勘查」的時間與麻煩。

35 用心經營個人帳號，「商業帳號」也會變得熱鬧

接著，為大家介紹另一種經營商業帳號的方法。

剛剛為大家介紹了「溝通型」這種針對門市客群撰寫貼文的經營方式，接著要為大家介紹「策展型」的經營方式，主要是先整理每位員工在個人帳號發表的貼文，再將濃縮之後的內容放上商業帳號。

一如本書開頭所述，門市的員工很難把經營商業帳號當成自己分內之事，也很難用心維護帳號。

不過「策展型」的經營方式可活化員工的個人帳號，讓門市與員工都因此獲益。

相較於前一節那種針對門市目標客群介紹商品的手法，這種經營方式尊重員工的個人特色，當門市裡面有三位員工經營個人帳號，就很適合透過這種方式經營商業帳號。

「商業帳號」的六大經營模式

PR型

通常是已經擁有大批顧客的大品牌採用。主要目的是通知新商品或活動的資訊。

LOOK型

通常是設計師品牌採用的方式。會利用外國模特兒形塑品牌的世界觀。

EC型

貼文內容通常是網路商店的商品照片。消費者雖然可以了解商品的各項細節，但也會覺得這種帳號很官方。

SNAP型

主要是門市環境照片、人體模特兒造型照、掛在衣架上的新商品照片，缺乏「企劃」的整體性。

「想賣出商品」或「想與顧客建立溝通管道」時，
可採用下列兩種模式

溝通型

這是建立門市形象的經營方式。重點在於根據門市的位置來找出主要客群，再提供這些客群想知道的資訊，而不是介紹所有商品。

策展型

這種方式可突顯每位員工的個人特色，以及介紹反應不錯的貼文，負責貼文的員工也能介紹獨樹一幟的造型。

身為銷售人員的你，經營ＩＧ的目的當然是成為備受青睞的銷售人員。既然要經營商業帳號，當然也要以這種心態經營。

就算是公司要求你「進一步強化商業帳號的經營」，**只要在商業帳號放一些個人帳號的貼文內容，商業帳號的品牌就會提升，身為銷售人員的你也能為自己增加附加價值，而且對公司而言也有好處**。

或許會有人覺得「要求所有員工利用個人帳號經營商業帳號這件事不大容易」，所以最理想的模式就是讓想要積極經營商業帳號的員工參與即可。

讓策展型的經營方式實際發揮效果

若問該怎麼輪流經營商業帳號，最可行的方法就是讓每位員工各從一週裡面挑出一天，輪流於商業帳號發布貼文。

只要每位員工知道商業帳號的登入資訊（用戶名稱與密碼），就能透過自己的智慧型手機更新商業帳號，所以要讓負責經營的員工擁有相同的權限。分享登入資訊的方式如下：

（1）分享商業帳號的用戶名稱與密碼。

（2）點選自己位於「個人檔案」畫面左上角的「用戶名稱」。

（3）點選最下方的【新增帳號】，再選擇【登入現有的帳號】，然後輸入（1）的資訊，再點選【登入】。

假設每位員工的貼文得到的「讚」與「收藏數」有落差，則可仿照門市的檢討大會，由所有員工一起討論該如何改善這個問題。這種經營商業帳號之餘互相幫助的心態，也能讓門市越來越有魅力。

此外，假設每位員工也經營個人品牌，在穿搭的品味方面就必須彼此磨合。

舉例來說，若有兩位以上的員工風格相似，可試著讓他們以「褲裝、裙裝」或「寬鬆風格、合身風格」這類造型主軸各有不同的方式經營商業帳號，藉此尊重每位員工的個性，同時決定「負責」的項目。「○○ 小姐是這樣的打扮，而 ○○ 小姐則是那樣的穿搭啊」，假設每位員工都擁有能被人一眼認出的穿搭風格，一定就能留住顧客的眼光。

POINT

這種經營方式能讓顧客想進一步了解他所認同的員工。

36 串連「個人帳號」與「商業帳號」的方法

這一節是「策展型」的實踐篇。讓我們一邊經營商業帳號，一邊強化商業帳號與個人帳號之間的關聯性吧。

在此為大家介紹以下三種方法。

❶在個人檔案加註「用戶名稱」

在個人檔案輸入「@may_ugram（個人帳號的用戶名稱）」，瀏覽商業帳號的顧客就能立刻找到你的帳號。由於個人檔案的欄位有字數限制，建議可先嚴選三位有心經營商業帳號的員工，再將他們的個人帳號放在商業帳號的個人檔案裡面。

❷透過限時動態播放每位員工的自我介紹，再設定為限動精選

製作每位員工的個人照片，再利用商業帳號的限時動態播放。此時千萬不要忘了把員工的IG帳號名稱也標記上去。

至於限時動態的內容，可在你的照片加上「暱稱（例如MAYU）」，或是「負責的造型（負責黑白雙色造型）」，也可以寫下「想努力達成的目標（例如介紹時尚敏感度大增的時尚達人穿搭術）」，都能讓IG使用者留下深刻的印象。要注意的是，你在照片裡面的形象是否符合負責的造型，千萬不要一邊介紹自己「負責的是黑白雙色的造型」，卻放上穿著粉色衣服的照片，這樣實在很難讓人信服。

在限時動態上傳這類照片之後，記得儲存為限時動態精選。

（1）從「個人檔案」底下點選【＋新增】。

（2）接著點選要精選的幾則限時動態，再點選右上角的【下一步】。

（3）點選【編輯封面】，選擇適合作為封面使用的照片，再點選右上角的【完成】。

（4）在標題輸入「員工介紹」，然後點選右上角的【新增】。

如此一來，就肯定能從限時動態精選前往個人帳號了。

❸利用導覽功能整理每位員工的貼文

（1）在「個人檔案」的右上角點選【＋】，再點選【導覽】。

（2）接著會顯示【地標、商品、貼文】這三個選項，請點選【貼文】。

（3）點選下方的【你的貼文】，就能選擇多則要設定為導覽的貼文。

先請每位員工放上要設定為「導覽」的圖片，之後再於商業帳號依照員工分類貼文，就能快速完成員工清單。

除了可直接透過導覽功能來瀏覽每位員工的貼文，也可以在門市的導覽頁面放入文章，所以當然也要在這些文章放入「暱稱」、「負責的造型」以及「想努力完成的目標」。

POINT

員工之間互相標記帳號，效果會更棒！

請利用❶~❸的方法建立從商業帳號前往每位員工的個人帳號的動線。

假設每位員工的追蹤者在瀏覽商業帳號之餘，發現了其他員工的個人帳號，將可進一步提升門市的價值，所以員工也要盡可能介紹彼此。大家應該都覺得認識的員工越多，門市逛起來更舒服對吧？

此外，每位員工也要在個人帳號的個人簡介加上商業帳號的標籤。為了方便顧客在「商業帳號、你的帳號與同事的帳號」之間往返，只要能站在顧客的立場發文，不知不覺就能與顧客建立超出門市以上的關係。

37 新的評估指標是「今天與幾位顧客建立關係」

當我還是銷售人員的時候，每天站在門市服務客人之前，都會先訂立銷售策略。

當時我是以「邏輯樹」這項工具釐清「業績目標」是由「來客數、客單價」所組成，「來客數」則由「服務客人的次數、顧客決定購買的比例」組成，而顧客平均消費金額的「客單價」則是以「單價、顧客平均購買件數」組成。

接著，要為大家介紹的是設定ＩＧ經營指標的方法。

在過去，「業績」是一切的評估指標，但從今以後還要加上「增加了幾名願意再次光臨門市的顧客」這個評估指標。建議大家根據平常在門市接待客人的情況設定這項指標，再試著採取一些行動來達成。

如今已是「越來越少新客人會光臨門市」的時代。若不想辦法增加回頭客，別說無法為自己創造附加價值，就連品牌都很難存活下去，所以希望大家能透過本書學會創造成果的方法。

活用邏輯樹

本節開頭提及的「業績目標」，是先從門市的「年度業績目標」算出「每月業績目標」，接著計算出門市的「每日業績目標」，將此除以員工人數後即可得出個人的「單日業績目標」。

若將這個業績目標換成ＩＧ的經營指標，就會是「一年要增加〇名追蹤者的話，每個月就要增加〇名追蹤者，那麼只要每天增加〇名追蹤者，這個目標就能達成」的指標，至於這個經營指標是否達成，可從最終的追蹤者人數加以檢視。但銷售人員不大適合突然訂下「一年要增加一萬名追蹤者」這種指標，因為「一天要增加三十名追蹤者」是很有難度的。

最主要是因為這個指標得耗費許多時間才能達成。一邊在門市服務客人，一邊經營ＩＧ，成為客人上門點名服務的銷售人員，這是最理想的型態，所以從**「每個月服務的顧客人數」逆推「一天告知幾位顧客自己的ＩＧ帳號，一天增加幾名追蹤者」才是比較實際的作法**。

所以千萬不要錯過在門市告知ＩＧ帳號的機會。

假設一天會服務十位客人，至少要向五位客人告知ＩＧ帳號，再請其中的兩人追蹤帳號。如果一個月上班二十天，單純計算之下，一個月可增加四十位追蹤者。

這裡之所以將目標訂在半數的五位客人，是因為不一定每次都有機會與顧客好好交流，而且若是以「一定要在服務客人的時候告知ＩＧ帳號」的心態服務客人，客人也會被嚇到。為了避免弄巧成拙，最好只在你覺得「服務得還不錯，與客人也達成一定的默契」之後，再告知ＩＧ帳號。

一切的重點在於增加離開門市之後「還會想來見你」的客人，所以請先試著磨練自己的服務態度，讓至少一半的客人享受你的服務。

若能持續努力一年，就能增加四百八十名追蹤者。**能與光臨門市的四百八十名顧客建立關係，遠比得到五千名陌生的追蹤者來得更有價值**。因為這種追蹤者才能真的幫忙吸引客人，或是在促銷活動期間貢獻業績。

想在「IG銷售商品」的人就算能持續增加追蹤者人數，通常都會遇到「該怎麼讓這些追蹤者購買商品」的難題，**但身為銷售人員的你卻沒有這個問題，因為你是與一開始就願意掏錢購買的顧客建立關係**。為了充分利用這個優勢，今天也試著向半數的客人告知IG帳號吧。

POINT

規定自己「要向半數的客人告知IG帳號」。

38 在開店之前，是否想過「今天的作戰策略」？

前一節為大家介紹了增加追蹤者的心法，而這節則打算進一步介紹「邏輯樹」這項工具。簡單來說，邏輯樹是將問題拆解成樹狀圖，幫助我們找出對策的「思考工具」。乍聽之下，邏輯樹似乎很複雜，但其實非常簡單。

舉例來說，走進門市，滿懷雄心壯志告訴自己「今天要創造日幣三十萬元的業績！」卻將一切交給命運的話，是無法達成這個目標的，所以這時候可使用邏輯樹這項工具「對答案」。簡單來說，就是了解目標值與結果的「落差」，再改進行為模式的感覺。

其實，「從未在上班之前擬定銷售策略」的人是很幸運的，建議大家從今天開始試著「訂立銷售策略」。

接著，為大家介紹當我還是銷售人員的時候，如何訂立目標與達成目標。抵達門市之後，我都會在開始營業之前，做好一些「事前準備」。

❶根據每日業績目標計算「個人業績目標」

（例）門市的每日業績目標為日幣一百萬元，而且員工有四人

・個人業績目標日幣二十五萬元

❷根據個人業績目標計算「來客數與客單價」

（例）個人業績目標日幣二十五萬元

・向五位顧客各爭取日幣五萬元的業績

・向十位顧客各爭取日幣兩萬五千元的業績

❸根據來客數計算「服務客人的次數、顧客決定購買的比例」，根據客單價計算「單價、顧客平均購買件數」

（例）目標為向五位顧客各爭取客單價日幣五萬元的情況

（1）服務客人的次數、顧客決定購買的比例

- 每服務二十名客人，都會有百分之二十五的顧客決定購買嗎？
- 假設因為雨天，只有十名顧客來到門市，能有百分之五十的顧客決定購買嗎？

（2）單價、顧客平均購買件數

- S／S（春夏商品）的單價較低，所以要賣出五件日幣一萬元上下的商品嗎？
- A／W（秋冬商品）的話，要賣出一件日幣五萬元以上的外套，還是要以單價為日幣兩萬五千元的針織衫與裙子為主呢？

上述的例子僅供參考，各位還是要根據門市去年的資料、星期一至日與每季的資料，或是商品的產品線資料擬定今日的策略。

先擬訂「今日的作戰策略」再開門做生意，商品也如預期賣出的話，就會知道「自

己訂的目標業績」與「實際的結果」是否有衝突。

舉例來說，假設某天的個人目標業績為日幣二十五萬元，也利用下頁介紹的邏輯樹訂立了目標。由於星期六日的來客數較多，所以將「❸服務客人的次數」訂為二十次。陸陸續續服務了客人之後，覺得「今天賣得不錯耶！」，結果一看個人業績才發現「目標業績完全沒有達成」。

這時候就能利用邏輯樹驗算結果。

驗算之後才發現，在「❷來客數」設定的五名客人雖然達成，但是「❷客單價」的日幣五萬元卻沒達成，所以個人目標業績的日幣二十五萬元才無法達成。假設你成交的這五位客人的「❷客單價」只有日幣兩萬五千元的話，那麼「❷來客數」的目標就該訂為十位，而不是五位，否則是無法達成目標業績的。

換言之，如果你的「客單價」只有如此，就必須讓十位以上的顧客消費，才能達成目標業績，所以在「❸服務客人的次數」的二十名顧客之中，「❷來客數」要有十名，得出「❸顧客決定購買的比例」要有百分之五十的水準。

拆解個人目標業績日幣25萬元之後的邏輯樹

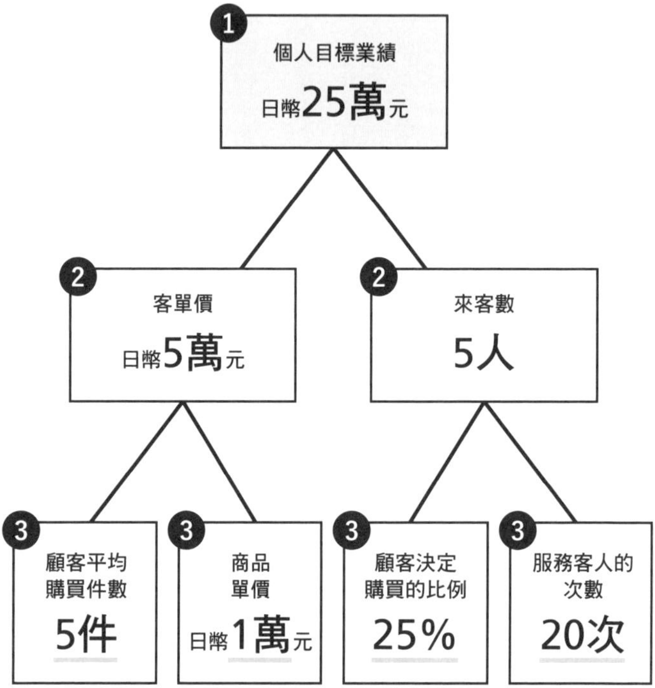

既然今天的個人目標業績為**日幣25萬元**，那麼要服務**20名**顧客，同時要讓其中的**5名**消費（顧客決定購買的比例**25%**）。門市剛進了一批春季新裝，所以可將**日幣1萬元**上下的商品視為主力商品。如果**1個人買5件**的話，應該就能達成個人目標業績了吧……。

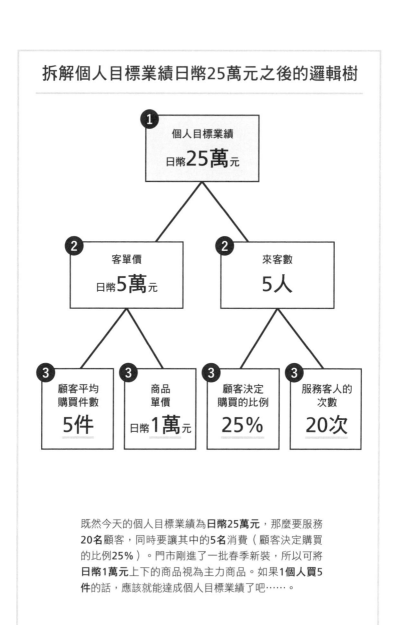

明明賣得不錯，卻無法達成目標業績時，可比照上述的流程檢視每個環節，應該就能釐清感覺與現實之間的落差。

這時候你可以做的努力包含磨練自己的服務技巧，將「❷客單價」拉高至日幣五萬元以上，或是提升服務的速度，讓「❷來客數」增加至十名。上述的流程不僅可以幫助大家找出藏在細節裡的問題，還能告訴大家有待改善的部分。

能否成為頂尖銷售人員，關鍵就在「能否隨著環境調整服務風格」。為了創造成果，必須每天訂立目標，「累積在各種情況下服務客人的經驗」，這也是使用邏輯樹的目的。

大家讀到這裡覺得如何呢？

請從明天開始，利用邏輯樹這項工具確認預測的業績是否準確，也要在下班的時候確認自己是否對半數的客人告知ＩＧ帳號，其中又有幾位顧客願意追蹤吧。

POINT

利用邏輯樹打造自己的致勝方程式。

Chapter

6

一個小動作，打造「業績持續提升」的循環

39 建立「讓顧客願意購買商品」的動線

本章要為大家介紹實際賣出商品的技巧。

熟悉接待客人的方法，也學會透過貼文「為自己創造理想的未來」之後，就能透過ＩＧ創造業績。假設你除了上班時間，也想在假日努力經營ＩＧ，這章還會介紹吸引新顧客的宣傳手法以及還能多做哪些努力。

我常看到「想在ＩＧ銷售商品」，卻沒介紹目的地（購買處）的帳號。明明每天很努力貼文，也有不少參考貼文內容的顧客，卻沒提供可在何處購入的資訊，這豈不是本末倒置嗎？

確定貼文內容與購買地點之後，就要確認從ＩＧ貼文連結到購買處的動線。

務必確認連結到購買處的動線

ＩＧ貼文裡的連結只是純文字，就算被使用者點擊也不會連往任何網站。所以最基本的動線就是在個人檔案的網站欄位填妥網路商店的連結，可是就算顧客在看了你的貼文之後，萌生「好想買這件衣服」的念頭，然後從個人檔案的畫面前往網路商店，也不見得能立刻找到這篇貼文所介紹的商品。

為了解決如此麻煩又迂迴的問題，建議大家在貼文加註「搜尋方法」。雖然網路商店不一定都有網站全文搜尋功能，但銷售人員必須知道「該在網站全文搜尋功能輸入哪些關鍵字，才能一舉找到需要的商品」。

有時候當自己試過一次才會發現「比想像中還難找到商品」，所以務必自己試著搜尋一次。

此外，有些商品會在網路商店賣到缺貨，甚至根本就沒有放在網路商店。

所以要記得在貼文註明「雖然網路商店暫時缺貨，但仍接受貨到門市的訂單，詳情請直接透過私訊聯絡」，或是記載「該與何處聯絡才能買到商品」的資訊。如此細心的服務，才能一點一滴搏得顧客的信任。

應用「穿搭帳號」的時機

另一個常見的情況就是請銷售人員在ＩＧ個人檔案的頁面，放上 WEAR 這類「穿搭帳號」的連結。

這是讓顧客在看完貼文介紹進而想購買商品的時候，可以從銷售人員的穿搭帳號前往網路商店的方法。

要透過這種模式創造個人業績，就必須讓顧客從「穿搭帳號」連往網路商店，所以很多人都不在ＩＧ介紹商品細節，只留下一句「欲知詳情，請前往 WEAR」，藉此將顧客引導至穿搭帳號。但遺憾的是，這麼做無法增加ＩＧ的追蹤者，也無法增加願意購買商品的消費者。

若問到底該怎麼做，答案就是在ＩＧ貼文時，也要公開所有資訊（商品名稱、金額、穿搭重點），以ＩＧ為介紹商品的主要工具。

「要是在ＩＧ揭露所有資訊的話，消費者不來 WEAR 怎麼辦？」大家不用擔心這個問題，習慣在 ZOZOTOWN 購買的顧客，會從你的個人簡介連往 WEAR，再根據你介紹的穿搭購買商品。

因為這麼做就不需要在網站全文搜尋，也不用擔心買錯商品。

此外，我也很常看到沒有標記金額的貼文，大家在買東西的時候，難道會不看價錢就購買嗎？

遇到超可愛的商品時，的確很可能是「以商品為優先」，然後跟自己說「只要這件商品在〇元之內就買」，但大部分的情況下，還是會考慮所謂的「性價比」對吧？

一如我們發現很心動的商品時，通常會有「咦？不到日幣一萬元？那當然要買啊」的感覺，所以到頭來買與不買的關鍵還是「金額」。

親自來門市購物的顧客，的確有比較高的比例是「商品優先」的客人；但在ＩＧ或網路商店購物的顧客，卻有一大半是「金額優先」的客人。

這意味著先揭露價錢，網路商店的點擊率才會上升。當越來越多人因為「你的貼文而購買商品」，你的「影響力」就會增加，所以從今天開始，請在ＩＧ寫出所有需要的資訊吧。

無法使用購物功能的時候

第三條動線就是「購物功能」。

這是能讓追蹤者從ＩＧ的貼文前往網路商店消費的功能，但要啟用這項功能必須利用品牌的官方 Facebook 帳號註冊ＩＧ，所以銷售人員很難以個人的身分使用。**當追蹤者超過一萬人之後，可透過限時動態連往外部連結，所以在發文之餘，可同時發布限時動態，並在限時動態貼出前往網路商店裡的商品頁面的連結**。

（1）在「個人檔案」畫面點選新增貼文的【＋】，再點選【限時動態】。

（2）從相簿選擇要發布的照片。

（3）點選畫面右上方數來第三個【貼圖符號】，再於其中點選【連結】。
（4）在「網路連結」中輸入網路商店商品頁面的網址，再點選右下角的【→】即完成。

限時動態會在二十四小時之內消失，所以不妨利用限時動態精選來統整限時動態的分類，方便顧客順利找到這些推薦商品。

POINT

假設追蹤者少於一萬人，就在「個人檔案」的畫面貼出連結。

40 如何透過「導覽」功能讓顧客立刻下單？

在此要向追蹤者未滿一萬人的人報告一個好消息。

大家有用過「導覽」功能嗎？**這是讓尚未啟用購物功能的帳號，也能將追蹤者引導至網路商店的超實用功能**。

（1）在「個人檔案」畫面點選新增貼文的【＋】，再點選【導覽】。

（2）接著在「選擇導覽類型」的欄位點選【商品】。

（3）列出所有購物功能已啟用的帳號之後，在搜尋欄輸入自家品牌的名稱。

（4）選擇一件商品，再從「商品、你的貼文、來自商店」的欄位選擇圖片（每件商品可以滑動顯示五張圖片），再點選【下一步】。

（5）從【新增商品】選擇第二件商品，再與（4）的步驟一樣選擇圖片，然後點選【完成】。若要繼續新增商品就重覆（5）的步驟。

（6）在【新增標題】輸入「推薦商品」這類文字，再點選【更換封面相片】，然後在「你的貼文、我的珍藏、來自導覽」的欄位選擇封面相片。

（7）點選【下一步】，再點選【分享】，即可新增導覽項目。

順帶一提，若在（2）點選【貼文】，則可替過去的貼文「分類」，追蹤者也能更快找到你所推薦的造型或商品。建議大家以不同的主題分類貼文，或是當成促銷清單使用。**要注意的是，只有新增至購物功能的商品才能被列入導覽，而各家品牌展示的商品數量也不大一樣**。

假設自家品牌列出的商品不多，請向總公司報告，或許情況能得到改善。

POINT

打造一個能立刻買到商品的環境，這也是銷售人員的工作。

41 接觸潛在客戶並「按讚」

前面提到銷售人員必須盡力增加追蹤者，不過當你習慣發文流程之後，經營ＩＧ這件事就會變得比較輕鬆，之後甚至會覺得「不發文就覺得怪怪的」。

如果這一天真的到來，接下來你該「讓更多人分享貼文」以及「分析貼文」。

所謂「讓更多人分享貼文」，就是相當於更多人按讚的意思，因為如果只是不斷地發文，是很難吸引ＩＧ的新使用者。

原本經營ＩＧ的目的是受到顧客青睞，經營的重點則是與服務過的客人聯絡感情，但如果你想「連假日也努力經營ＩＧ」，**就必須讓更多人按讚，才有機會接觸到更多可能成為顧客的ＩＧ使用者。**

與追蹤者建立關係的按讚

當你在動態消息滑到你追蹤的人發表的貼文之後，若覺得「這照片真漂亮」或「看起來好好吃」，通常會點選愛心按鈕，幫這篇貼文按讚。但如果是銷售人員的帳號，更要竭力讓可能成為潛在客戶的使用者按讚。

接著，要為大家介紹以下四個重點，只要掌握這四個重點，就能在短時間內，有效率地遇見潛在客戶。

❶自家品牌的官方帳號

假設自家品牌創建了「官方帳號」，可邀請官方帳號的追蹤者替你按讚，因為這些追蹤者是自家品牌的粉絲，所以時尚品味應該跟你很類似。

ＩＧ的追蹤者可能來自全國各地，所以不是每個人都能光臨門市，但光是願意追蹤帳號就已經很難得。因為**就算這些人無法在門市跟你買衣服，盡力增加追蹤者，讓更多人透過你的貼文了解商品的細節以及穿搭方式，都是你該追求的方向。**

❷ 與自家品牌相關的標籤

可試著搜尋與自家品牌相關的標籤，再從「最近」分頁的貼文裡邀請別人按讚。

為什麼不在「人氣」分頁邀請別人按讚？是因為時尚網紅的貼文通常很多篇，要邀請對時尚較敏感的人追蹤你的帳號，除了你本身也得足夠知名，否則難度是非常高的。

所以**我建議先邀請有可能參考你的貼文的「時尚幼幼班」按讚**。判斷是否為時尚幼幼班的標準，每個人都不一樣，但我建議大家以「如果是我，一定能為這位顧客推薦更適合他的衣服」為標準。不要邀請那些以長相與華服為訴求的「時尚網紅」按讚，而是要邀請那些穿搭技巧還有待升級的使用者或是ＩＧ動態消息的調性尚未確定的使用者按讚，**因為他們在ＩＧ的世界裡屬於「接收資訊」的一方，也很可能參考一些時尚達人的貼文，所以接觸這些人，比較容易讓他們追蹤你**。

❸ 與服務地點相關的標籤

我想，懂得舉一反三的人應該已經發現，邀請別人按讚的方法與在第三章中介紹「遇見新顧客的『四種主題標籤』」一樣。

有些人可能常去你上班地點附近的店家，有些人則會在貼文加上「＃表參道咖啡廳」這類位於你的門市附近的咖啡廳標籤，你可以從中挑出時尚品味與你相近、又有可能追蹤你的人，再邀請他們按讚。

❹時尚網紅的追蹤者

假設你在邀請別人按讚的時候，發現了時尚品味與你相近的時尚網紅。雖然每個人對於「網紅」的定義各有不同，但最簡單明瞭的基準就是「追蹤者人數」。**如果發現追蹤者比你多一點的時尚網紅，則可邀請他的「追蹤者」按讚**。

這裡有件事一定要提醒，那就是不要邀請時尚網紅本人按讚，而是邀請他的「追蹤者」按讚，因為這些追蹤者是接收資訊的一方。

假設你有兩百位追蹤者，你可以找找看有沒有「追蹤者大約一千名左右」、發文風格又與你相近的時尚網紅或銷售人員，再邀請他們的追蹤者按讚。當你的追蹤者超過一千人，就可尋找「追蹤者在兩千至五千人之間」的帳號。同理可證，若你的追蹤者超過五千人，就找「追蹤者在一萬人上下」的帳號。

之所以要這麼做，是因為追蹤者的結構會隨著追蹤者人數改變。如果是追蹤才剛開始經營的ＩＧ帳號的追蹤者，通常是因為「貼文的內容不錯」才追蹤，與追蹤的人數多寡沒什麼關係。但是，當追蹤者成長至數萬到數十萬之間，大部分的使用者都會因為「很多人追蹤，所以追蹤就對了」的心態決定追蹤。以上這兩種追蹤者「決定追蹤的基準」本來就不一樣，而且追蹤者眾多的時尚網紅都是努力了好幾年才有現在的成果，所以應該有不少死忠粉絲才對。

這意味著，即使你的時尚品味與那些有數萬至數十萬追蹤的知名時尚網紅相近，他的追蹤者也不大可能會追蹤你的帳號。

排除「不大可能追蹤你的人」，有效率地邀請別人按讚，才能在最短時間找到有可能成為顧客的使用者。

邀請別人按讚時的注意事項

最後要介紹的是，邀請別人按讚的兩個注意事項。

第一個是替對方按「三個讚」。這麼做的目的是為了讓對方注意到你的帳號。如果只按了「一個讚」，很難讓對方從動態畫面（主畫面右上角的愛心符號）發現你。多按幾個讚之後，被按讚的人就會發現誰幫他按了讚，所以務必「幫對方按三個讚」，讓他發現你的存在。

第二個是邀請按讚的時間。ＩＧ規定連續按讚的帳號會被停權。假設以一定的頻率，在幾個小時之內像個機器人連續按讚，有可能會被停權或是禁止使用某些功能，**所以邀請按讚的時間，一天不要超過兩個小時**。

總之，不要急著邀請所有人按讚，而是要讓對方喜歡你的貼文。為了達成這個目標，請只邀請有可能追蹤你的人按讚，而不是亂槍打鳥，毫無章法地邀請別人按讚。

POINT

該鎖定的是「資訊接收端」的那些帳號。

42 有「洞察報告」的話，隨時能製造話題

該怎麼做才能讓更多人看到你的貼文？

答案就是一定要「分析貼文的內容」。分析過去的貼文內容，想辦法寫出一樣受歡迎的文章，或是試著將貼文調整成更大眾、更有機會擴散的內容。

持續上述的分析能培養出建立假說與驗證假說的能力，而這種能力就是所謂的「行銷力」。

可使用「洞察報告」這項功能分析貼文。

若要啟用洞察報告這項功能，必須先切換成「專業帳號」，所以先為大家解說切換的方法。

（1）點選「個人檔案」畫面的「選項（三條線符號）」，再點選【設定】。
（2）選擇【帳號】，再點選【切換為專業帳號】，接著按四次【繼續】。
（3）選取【帳號類別】，並開啟【在商業檔案上顯示】，然後點選【完成】。

順利切換成「專業帳號」之後，就一起看看「洞察報告」吧。要注意的是「收藏數」與「觸及數」。

（1）點選每則貼文左下角的【查看洞察報告】，再將畫面往上滑，確認【儲存次數】與【觸及人數】。
（2）可從右上角的「儲存（珍藏符號）」了解有多少帳號儲存這篇貼文。
（3）可於「觸及人數」了解有多少帳號看過這篇貼文。

利用試算表整理這些數字，從中找出反應較佳或較差的貼文，思考為什麼會有如此差異。

- 商品本身很引人注目嗎？（雜誌曾介紹、熱銷商品）
- 商品的拍攝方式有問題嗎？（陳設照、穿搭照、上半身、全身）
- 你入鏡的方式有問題嗎？（有沒有拍到臉）
- 造型有問題嗎？（色調、是否符合潮流、風格是否獨特）
- 是當季商品嗎？

你可以試著分析貼文裡的各項要素。

雖然「造型」這個因素在介紹時尚穿搭的貼文占有相當的比重，但造型照拍得好不好看，有沒有拍出適合你的質感，都會影響按讚與儲存的次數。

按讚數夠多，「觸及人數」才會增加，收藏數夠多，曝光次數（Impression）才會增加。此外，「貼文是否夠吸睛」是按讚數增加的關鍵，而收藏數則代表「貼文是否值得參考，日後是否會重看一遍」的意思，所以在撰寫貼文的時候，務必拿捏這兩者的平衡。

之後你可以列出剛剛提到的要素，從中找出「你的致勝方程式」，再根據這個方程式撰寫貼文，就有機會在不邀請別人按讚的前提下，讓新顧客看到你的貼文，進而知道你的存在。若對方覺得你的帳號提供了有用的資訊，就會願意追蹤。

或許一開始會覺得分析貼文是件很無聊的事，但是當你發現自己的假說是正確的，就會覺得規劃貼文內容是件很開心的事。假設想趁著假日經營ＩＧ，增加追蹤者人數，請務必試著分析貼文囉。

POINT

若要透過ＩＧ做生意，就切換成「專業帳號」吧。

43 利用「限時動態」製造驚喜

接著是要介紹常被問的「限時動態」。

假設今天是要上班的日子，可試著透過貼文介紹新商品的進貨資訊或是門市的今日推薦造型，利用門市的商品拍攝充滿生活感的照片，再透過貼文介紹。就算不在門市，也可以把「限時動態」定位成介紹「每日新知」的工具，利用限時動態介紹預先拍好的照片與新品資訊。

促銷與活動的資訊是要透過貼文介紹，還是透過限時動態介紹，將讓追蹤者產生不同的觀感。雖然這兩種方式都是向不特定大眾告知訊息，但**限時動態是僅限二十四小時存在的內容，所以當顧客從限時動態得到優惠資訊，會覺得「能剛好看到這個優惠資訊真是太棒了」**。

其實我自己也有過好幾次類似的經驗，其中之一就是限量商品預售的通知。

我本來就很喜歡那個品牌，也很注意它的消息，但某天瀏覽這個品牌的限時動態時，發現居然有「限量商品抽籤活動通知」，於是我立刻報名參加活動。如果當時沒瀏覽ＩＧ的話，絕對買不到這個限量商品，所以我真心覺得自己好幸運。

對追蹤者而言，這類抽籤活動、限量品預約與預售都是驚喜，所以當然要透過限時動態發布。

私人貼文的基準為何？

如果連上班之餘的休假日都想發限時動態，有時會思考到底要曝光多少自己的私生活領域才算得當。

我的建議是「想曝光的生活型態是否符合個人簡介的風格」。

舉例來說，假設負責介紹「時尚達人穿搭技巧」的銷售人員在休假日去了拉麵店，並且透過限時動態介紹這件事。

如果追蹤者已經很多，或許追蹤者會覺得「沒想到真由小姐跟我們一樣，也會去拉麵店耶」，然後覺得很親切。但遺憾的是，銷售人員不是偶像，這種情況幾乎不會發生。

以「不偏離負責的時尚主題」為前提，介紹自己的便服造型，或是最近購買的商品，以及常去消費的店家，是非常重要的概念。

既然身為銷售人員，透過限時動態介紹的資訊就該與「時尚」有關。請大家試著介紹個人愛用的時尚配件，不一定非得介紹自家品牌的商品。如果能介紹一些很難在門市介紹的時尚妝容或愛用的配件，**應該會有許多追蹤者想進一步了解這些專屬於你的「時尚心法」才對**。

一般人的個人帳號與銷售人員的個人帳號，這兩者之間的界線總讓人覺得非常模糊，但簡單來說，就是經營的觀點不同。一般人的個人帳號是「以自己為主」的帳號，只介紹自己喜歡的商品，也沒有什麼不能介紹的規則，因為這是你個人為了消遣才經營的帳號。

但是，身為銷售人員的你若打算開始經營帳號，就必須「以他人為主」，所以就算是介紹生活風格的帳號，也必須根據在第三章塑造的「個人形象」撰寫貼文，而且為了不偏離這個主軸，還要透過限時動態介紹顧客覺得實用的資訊。

重點就是別讓帳號變成什麼都放的大雜燴。

POINT

利用限動的「限定感」、「禮遇感」緊緊抓住顧客的心。

44 透過「ＩＧ直播」提供真實的消費體驗

隨著 COVID-19 蔓延，使用率一口氣爆發的功能就是「ＩＧ直播」。

在顧客的心目中，那些喜歡的品牌或銷售人員的直播，具有代替逛街的效果。銷售人員會在線上即時說明商品，消費者若有疑問也可以馬上留言，所以會有種被服務的感覺。

而在來客數不高的非常時期，若無法透過直播介紹商品，也沒有在ＩＧ設立網路商店的那些門市，就無法得到顧客的關注。

雖然ＩＧ能讓顧客與店家雙贏，但仍有不少銷售人員都覺得「直播的時候看不到顧客的表情，所以很難掌握情況」。

IG直播的技巧，請參考以下幾點：

❶與能展現自我的員工一起入鏡

如果覺得自己難以獨撐大局，不妨試著與兩、三位很有默契的門市同事一起直播，就比較能以平常心對著鏡頭說話。**搭擋直播的祕訣在於先分配彼此扮演的角色，另一位則負責扮演傾聽的角色（幫忙讀出觀眾的留言）」「一位扮演說明的角色（說明商品）**，千萬不要彼此搶話，也不要一個人唱獨角戲，否則觀眾看沒多久就會覺得疲累。

當兩個人的分工明確，對話就會變得很活潑，在螢幕另一端的顧客也會看得比較開心。

❷事前確認要介紹的內容

一如面試之前要先準備講稿，在開IG直播之前，也需要事先安排要介紹的內容，而且最好在鏡頭拍不到的地方放置大字報，以免忘記該提到重要的內容，不然也可以將**智慧型手機或平板電腦放在看得到的位置，再利用這些裝置顯示內容的腳本或關鍵字**。如果是搭檔直播，記得要與搭檔分享這些內容。

❸每天為自己訂一個目標，讓自己越來越習慣直播

在直播之前，為自己訂一個自己能接受的「標準」。

（1）連續十分鐘笑著介紹。
（2）充分說明商品的優點。
（3）讓顧客想消費的介紹方式。
（4）展現自己的特色。

一步步達成上述的標準，就能習慣ＩＧ直播。

（1）的標準達成後，接著就挑戰（1）＋（2）的標準。挑戰成功後，再以相同的方式挑戰（3）的標準，依照自己的節奏與步伐訓練自己的能力。

在門市直播的情況

服飾銷售人員的ＩＧ直播大致可分成兩種模式，一種是在門市透過直播介紹商品，另一種是在自家進行的個人直播。

許多店家都會在營業時間結束或來客數較少的時候透過直播介紹商品。最理想的直播時機就是在新品進貨的時候，從中挑出一些「透過ＩＧ直播介紹，顧客可能會比較有反應」的商品再直播。**此外，不要突然就開直播，而是要在確定直播的時間與內容之後，事先透過限時動態或貼文宣布「下週從幾點開始直播」，讓追蹤者知道何時該上線收看。**

就算即時收看的追蹤者只有小貓兩三隻，也可以在直播結束後，將直播的內容存在ＩＧＴＶ裡面，讓錯過直播的追蹤者有機會觀看。ＩＧＴＶ可以儲存直播的內容，所以應該會有不少追蹤者會在幾天或幾週之後，為了購買直播所介紹的商品而收看之前的直播。

在自家直播的情況

就算是在自家直播也要「提前宣布直播的時間」以及「預告直播的內容」。直播與前述的限時動態一樣，都要思考顧客需要哪些資訊、哪些資訊比較實用等問題。

舉例來說，在直播之前，先透過限時動態進行問答調查，就能知道顧客想知道哪些資訊。大家可以先列出三個以上的主題，然後詢問追蹤者「下次直播比較想聽哪個主題」，或是詢問「有沒有想在下次直播了解的主題」，交由追蹤者決定。直播的優點在於線上的即時交流可儲存為長度六十分鐘的影片，所以能比限時動態介紹更多內容，也不會受限於限時動態每格只有十五秒的限制。

如果覺得一個人直播很難，建議先試著利用智慧型手機練習，看看自己在鏡頭前面介紹穿搭的樣子，客觀地審視自己的笑容自不自然，或是說話的節奏會不會太快，同時問問自己能不能看完十分鐘吧。話說回來，實際直播的時候，觀眾也會留言或是有一些反應，所以不用一個人包辦所有的工作。

POINT

目標是「直播結束後」，讓追蹤者在日後也能參考直播的內容。

45 該如何看待感染力極強的「連續短片」功能

連續短片（分享十五至三十秒短片的功能）與限時動態最明顯的差異在於接觸新ＩＧ使用者的機會特別高。限時動態屬於與追蹤者進一步建立關係的功能，但**連續短片卻更容易被ＩＧ使用者分享，因為使用者不僅可透過標籤看到你的貼文，也可透過標籤看到連續短片**。

ＩＧ每次更新版本都會介紹新功能，所以日後若看到ＩＧ又推出新功能，記得使用看看。如果是與ＩＧ標籤相關的新功能，代表這項新功能極有可能是接觸新ＩＧ使用者的工具，建議大家務必試用看看。

連續短片能讓銷售人員以更真實的情境、更輕快的音樂介紹造型，所以能在極短的時間之內強調商品的質感。

雖然連續短片只有十五秒，但還是能快速呈現多套穿搭，也很建議拍成類似電視廣告的場景。

短片的品質固然與風景、造型、配樂有關係，**但從不同的角度拍攝同一套造型，再利用配樂串起這些畫面或只是邊走邊拍，都能清楚地呈現這套造型穿在身上的感覺**。有許多拍攝方式都是源自 TikTok，所以想拍攝連續短片的人，只需要多看一些 TikTok 與連續短片，再模仿能模仿的拍攝手法。

就算追蹤者只有幾百個人，連續短片也有可能突然觸及數萬人，所以請大家務必挑戰看看。

POINT

限時動態只有追蹤者看得到，連續短片卻能擴散至追蹤者之外的世界。

46 利用「禮尚往來」傳遞真摯的感謝之意

到目前為止都是介紹如何貼文的重點，但就算沒有每天發文，也有辦法與顧客建立關係，那就是感謝那些平常就穿著自家品牌服飾的人。

如果你發現某位ＩＧ使用者發文介紹自家品牌，請務必替他「按讚」，以表達謝意。**這時候若已經在ＩＧ設立「品牌的官方帳號」，就能發揮效果，因為使用者也會根據標籤去「標註」。**

在ＩＧ貼文上傳照片的時候，通常會想添加品牌名稱，「標註」就能滿足這個需求。換言之，顧客在照片加上與貼文照片相關的帳號標籤之後，只要點選該標籤就能連往該帳號。

這時候若自家品牌還沒有設立官方帳號，就只能眼睜睜錯過這些客人。顧客的貼文不會標註銷售人員及門市標籤，所以一定要建立品牌的官方帳號。讓顧客幫忙貼標籤並不是最終的目標，透過顧客發文時貼上的標籤，讓未來潛在客戶接觸到品牌資訊才是真正的目的。

此外，若想透過「按讚」感謝對方的時候，可先瀏覽官方帳號有被標註的那些動態消息，此時會看到一堆被顧客標註的貼文，若從這邊邀請按讚，就很有可能接觸到潛在客戶，所以有官方帳號的人，請務必從這裡邀請按讚。

除了按讚之外，如果也想留言給那些有標註自家品牌的追蹤者，不妨告訴對方**「這件衣服真的非常適合您，感謝您幫忙分享！」**，以銷售人員的身分具體感謝對方。

唯一要注意的是最好先按讚再留言，以免過於唐突。**如果按了讚的顧客也幫你的貼文按讚，要盡量像對話般抓準時間點再留言。**假設對方回覆了你的留言，可試著回覆對方，假設對方再次回覆你，就可跟對方說**「我的帳號也介紹了許多您可能喜歡的商品，方便的話，可以追蹤一下喲★」**，順便介紹自己的個人帳號。

在貼文內容還沒有固定概念或主題的時候，可試著透過這種方式與顧客建立關係。

POINT

從被標註的動態消息或標籤中，找出自家品牌的粉絲。

47 建立「來店預約」的機制

你有沒有遇過跟你事先預約的顧客呢？

由於疫情持續延燒，減少外出與避免群聚的防疫策略持續執行，所以有些門市不開放顧客入內，或是採取事前預約的方式接待客人，但你也可以接收客人的來店預約。

一提到「事前預約」，很多人都會想到知名的美容預約網站「Hot Pepper Beauty」的服務對吧？雖然預約的時候，不一定要指定設計師，但風格明確的設計師越來越多，所以大部分的人在ＩＧ看到喜歡的髮型之後，就會直接與該設計師預約。

大家不覺得時尚服飾的世界也有相同的現象嗎？假設你平常就在ＩＧ追蹤一些介紹穿搭技巧與造型的銷售人員，應該會覺得對方若能給你一些購物建議，自己也能穿得更加時髦吧。

其實，銷售人員的任務就是「建議顧客理想的造型」，這也是銷售人員的定義，但如果忽略這點，只會站在原地等待顧客，當然永遠無法從眾多銷售人員之中脫穎而出。

到目前為止，本書已介紹了許多「突顯個人魅力」的方法，之所以要突顯個人特色，全是為了讓顧客參考你的貼文，而為了在顧客光臨門市之際，成為顧客指定服務的銷售人員，就必須盡力爭取顧客的預約。

如果你沒有明確表示「自己可接受服務預約」，顧客「就只能碰運氣去門市看看你沒有上班」。

這時候你可能剛好沒有上班，也有可能剛好去休息，或是剛好在服務一組客人，那麼專程為你而來的顧客就無法跟你搭話，而你也錯失服務顧客的機會。**要解決這類問題就必須告知每個月上班的日子，也要明確表示自己接受個人服務的預約。**

公布出勤日的方法

建議大家做一張每月出勤表，再透過限時動態公布。可以在每個月的月底公布下個月的輪班日，也可以每半個月公布一次，甚至可以每週公布，總之要定期且密集地公布。

公布出勤日之後，不妨以「出勤日」這個主題，將這些資訊整理成限時動態精選。至於可事前預約的告知，則建議寫在個人簡介裡面，比方說加註「可透過私訊預約服務」。如果覺得在個人簡介寫這些很不好意思，則可以在每月出勤表記載「個人服務可透過私訊事先預約」。

雖然你公布了預約的方法，但你必須先好好經營IG，顧客才會真的預約，所以你必須時時反問自己「該怎麼做才能讓顧客透過IG預約」，並且根據自己對於時尚的看法，不斷地透過貼文介紹充滿個人特色的造型。

POINT
當你能提出理想的造型，顧客才會指名由你服務。

48 擁有具說服力的帳號，再向總公司宣傳！

假設透過ＩＧ指名請你服務的顧客來到門市，或是曾在門市服務過的顧客再度光臨，請記得透過數字管理成果。

比方說，在確認業績的資料時，可進一步了解是哪位顧客貢獻的業績，如果無法確認這類資料，可試著手動儲存該位顧客購買的商品照片，再以**「今天因為ＩＧ的貼文而來到門市的顧客有幾位，業績總計是〇元」的方式管理。如果能將「回頭客有幾名」這類資料製作成清單，就能清楚地向總公司宣傳成果**。如果能做到這個地步，就能為自己挑選下一個舞台。

成為一名備受顧客喜愛的明星銷售人員固然可喜，但如果能讓員工知道分享經營ＩＧ的祕訣是你的份內之事，你就能成為管理職的身份。假設資料顯示「每次你介紹的商品都賣得很好」，有可能會被拔擢為公關或採購員，也有可能被調到商品企劃部或促銷部門。了解門市與社群網路的人才非常稀有，所以也有可能被調至電子商務部門。

只要你有意願，進軍任何領域都是可能的，如果能透過ＩＧ保留學習成果，就有機會在服飾業界嶄露頭角，得到與眾不同的地位。

「過去的努力，將形塑未來的你」

我由衷認同這句我所尊敬的人給我的教誨。

POINT

ＩＧ的數字是通往夢想職涯的門票。

一個想法能讓銷售人員擁有無限的可能性

非常感謝各位讀到最後。

銷售人員是個擁有無限可能性的職業。乍看之下，幫客人挑衣服是誰都做得來的工作，但能做好這份工作的人少之又少，這也代表你已經擁有與眾不同的技能。**如果想進一步探索自己的可塑性，不妨持續為自己訂立目標、採取行動、締造成果，藉此累積相關經驗。**

因為，這些經驗將會是在這個時代存活的武器。

傳授我這種「思考力」的是我剛畢業踏入社會之際的上司。

至今記憶猶新。當時仍是社會新鮮人的我，被分派到大丸心齋橋店之後，接到「不用急著賣出商品，先待在內場想想下週的促銷活動」這項任務。

我很喜歡銷售的工作，也很想多接待客人、多爭取業績，所以當時我自以為是地認為「為什麼不讓我站在前場賣東西？明明我就不擅長這種從頭開始企劃的工作，而且我不用做這些事，也能賣出商品」。

不過，當我不斷思考每位員工該如何達成規定的每週業績目標之後，我想到許多銷售策略，也發現自己身為一名門市人員的視野變得非常開闊。

這也是將「腦力工作」變成例行公事的瞬間。

比方說，所有門市人員一起藉由角色扮演的方式練習時，我變得能夠歸納自己接待客人的技巧，也能配合其他同事的穿著，一同打造充滿時尚感的門市。而當我站在門市服務客人的時候，除了讓顧客開心地購物，更能想辦法「達成下個月的業績目標」……。

當時的我自然而然地習慣為不久之後的未來採取正確的行動。

當我成為店長之後，我必須管理日幣數千萬元的業績目標。

每當我在店長會議被前輩點出門市經營的問題時，我都覺得自己的銷售策略實在太青澀，我也曾多次為了無法達成目標而後悔不已。不過，這些經驗讓我知道「不放棄思考」的重要性，也學會持續思考，直到創造出成果為止的心態。

正因為這世界沒有正確答案，所以任何職業都需要這種「思考力」。

如果身為銷售人員的你也能不斷思考，一定會對未來有所幫助。

我在「希望大家能邊讀這本書，邊學會這種思考能力」的心情下，寫完了這本書。

如果經營ＩＧ不大順利，很想有人給點建議時，可以標註我或是透過私訊聯絡我。

我會在社群網站的每個角落等著大家。除了ＩＧ之外，在Twitter、Clubhouse 搜尋「@may_ugram」，就能立刻找到我。如此想來，不覺得能有社群網站真是件值得感恩的事嗎？

雖然本書促成我們相遇，但即使將本書的重點放在「門市」，也是因為有社群網站，我們才有機會交流。不知道大家有沒有發現，即使是在這個準備說再見的時刻，我仍不著痕跡地介紹了我的社群網站（笑）。

希望大家今後也能試著在門市實踐這些技巧。

最後，我要感謝本書的編輯礒田千紘，若不是他，這本書就不會誕生，我也沒有機會在今年寫書。感謝他在這個銷售人員的價值備受考驗的節骨眼，為許多銷售人員搭起通往光明未來的橋梁。

此外，我也要感謝全力支援服飾銷售人員的媒體「TOPSELLER.STYLE」，感謝他們給我撰寫專題的機會，才有後續寫書的機會。在此由衷感謝媒體負責人四元亮平（@Playtopseller）、深地雅也（@fukaji38）。

「TOPSELLER.STYLE」這個網路媒體除了提供銷售方面的資訊，有許多ＥＣ、ＶＭＤ、ＭＤ的專家都透過這個媒體，毫不保留地提供銷售人員應知的資訊，如果想進一步學習，請務必瀏覽這個媒體。

另外，還想感謝 TANAKA RETAIL MARKETING 合同會社代表田中康寬，感謝他在社群網路總監的工作之前，站在經營的角度指導我，讓我有機會從事不同領域的工作。

我自己也因為ＩＧ而與各領域的專家相識，也因此找到將長年累積的知識回饋服飾業界的地方，這是當年身為銷售人員的我，未曾想像過的未來。

未來的你是怎麼樣的人，由現在的你決定。

希望與本書相遇的緣分，能助未來的你一臂之力。

艸谷真由

Instagram社群電商實戰力

這樣做超加分！頂尖銷售員私藏的 48 個致勝心法

トップ販売員のInstagram力

作　　者　艸谷真由（Mayu KUSATANI）
譯　　者　許郁文
主　　編　鄭悅君
特約編輯　王韻雅
封面設計　兒日設計
內頁設計　張哲榮

發 行 人　王榮文
出版發行　遠流出版事業股份有限公司
地址：臺北市中山區中山北路一段11號13樓
客服電話：02-2571-0297
傳真：02-2571-0197
郵撥：0189456-1
著作權顧問　蕭雄淋律師

初版一刷　2022年 3 月 1 日
初版四刷　2023年 8 月 1 日
定　　價　新台幣360元（如有缺頁或破損，請寄回更換）

I S B N　978-957-32-9405-4
遠流博識網　www.ylib.com
遠流粉絲團　www.facebook.com/ylibfans
客服信箱　ylib@ylib.com

TOP HANBAIIN NO INSTAGRAM RYOKU

Illustrations by Shoko FUJITSUKA
First original Japanese edition published by Daiwashuppan, Inc.
Traditional Chinese translation rights arranged with PHP Institute, Inc.
through Bardon-Chinese Media Agency

國家圖書館出版品預行編目（CIP）資料

Instagram社群電商實戰力：這樣做超加分！頂尖銷售員私藏的 48 個致勝心法 / 艸谷真由著 ; 許郁文譯.
-- 初版 -- 臺北市：遠流出版事業股份有限公司,
2022.03
256 面 ; 14.8 × 21 公分
譯自 : トップ販売員のInstagram力
ISBN 978-957-32-9405-4（平裝）

1.CST: 網路行銷 2.CST: 網路社群

496 110021920